公益財団法人 日本数学検定協会 監修

受かる！数学検定［過去問題集］4級

The Mathematics Certification Institute of Japan
>> 4th Grade

改訂版

4

はじめに

実用数学技能検定の３～５級は中学校で扱う数学の内容がもとになって出題されていますが，この範囲の内容は算数から数学へつなげるうえでも，社会との接点を考えるうえでもたいへん重要です。

令和３年４月１日から全面実施された中学校学習指導要領では，数学的活動の３つの内容として，“日常の事象や社会の事象から問題を見いだし解決する活動”“数学の事象から問題を見いだし解決する活動”“数学的な表現を用いて説明し伝え合う活動”を挙げています。これらの活動を通して，数学を主体的に生活や学習に生かそうとしたり，問題解決の過程を評価・改善しようとしたりすることなどが求められているのです。

実用数学技能検定は実用的な数学の技能を測る検定です。実用的な数学技能とは計算・作図・表現・測定・整理・統計・証明の７つの技能を意味しており，検定問題を通して提要された具体的な活用の場面が指導要領に示されている数学的活動とも結びつく内容になっています。また，３～５級に対応する技能の概要でも社会生活と数学技能の関係性について言及しています。

このように，実用数学技能検定では社会のなかで使われている数学の重要性を認識しながら問題を出題しており，なかでも３～５級はその基礎的数学技能を評価するうえで重要な階級であると言えます。

さて，実際に社会のなかで，３～５級の内容がどんな場面で使われるのでしょうか。一次関数や二次方程式など単元別にみても，さまざまな分野で活用されているのですが，数学を学ぶことで，社会生活における基本的な考え方を身につけることができます。当協会ではビジネスにおける数学の力を把握力，分析力，選択力，予測力，表現力と定義しており，物事をちゃんと捉えて，何が起きているかを考え，それをもとにどうすればよりよい結果を得られるのか。そして，最後にそれらの考えを相手にわかりやすいように伝えるにはどうすればよいのかということにつながっていきます。

こうしたことも考えながら問題にチャレンジしてみてもいいかもしれませんね。

公益財団法人 日本数学検定協会

数学検定4級を受検するみなさんへ

数学検定とは

実用数学技能検定(後援＝文部科学省。対象:1～11級)は，数学の実用的な技能(計算・作図・表現・測定・整理・統計・証明)を測る「記述式」の検定で，公益財団法人日本数学検定協会が実施している全国レベルの実力・絶対評価システムです。

検定の概要

1級，準1級，2級，準2級，3級，4級，5級，6級，7級，8級，9級，10級，11級，かず・かたち検定のゴールドスター，シルバースターの合計15階級があります。
1～5級には，計算技能を測る「1次：計算技能検定」と数理応用技能を測る「2次：数理技能検定」があります。1次も2次も同じ日に行います。初めて受検するときは，1次・2次両方を受検します。
6級以下には，1次・2次の区分はありません。

○受検資格

原則として受検資格を問いません。

○受検方法

「個人受験」「提携会場受験」「団体受験」の３つの受験方法があります。
受験方法によって，検定日や検定料，受験できる階級や申し込み方法などが異なります。

くわしくは公式サイトでご確認ください。
https://www.su-gaku.net/suken/

○ 階級の構成

階級		検定時間	出題数	合格基準	目安となる程度
1級		1次：60分 2次：120分	1次：7問 2次：2題必須・5題より2題選択	1次： 全問題の70%程度 2次： 全問題の60%程度	大学程度・一般
準1級					高校3年生程度 (数学Ⅲ程度)
2級		1次：50分 2次：90分	1次：15問 2次：2題必須・5題より3題選択		高校2年生程度 (数学Ⅱ・数学B程度)
準2級			1次：15問 2次：10問		高校1年生程度 (数学Ⅰ・数学A程度)
3級		1次：50分 2次：60分	1次：30問 2次：20問		中学3年生程度
4級					中学2年生程度
5級					中学1年生程度
6級		50分	30問	全問題の70%程度	小学6年生程度
7級					小学5年生程度
8級					小学4年生程度
9級		40分	20問		小学3年生程度
10級					小学2年生程度
11級					小学1年生程度
かず・かたち検定	ゴールドスター シルバースター	40分	15問	10問	幼児

○合否の通知

検定試験実施から，約40日後を目安に郵送にて通知。
検定日の約3週間後に「数学検定」公式サイト（https://www.su-gaku.net/suken/）からの合格確認もできます。

○合格者の顕彰

【1～5級】
1次検定のみに合格すると計算技能検定合格証，
2次検定のみに合格すると数理技能検定合格証，
1次2次ともに合格すると実用数学技能検定合格証が発行されます。

【6～11級およびかず・かたち検定】
合格すると実用数学技能検定合格証，
不合格の場合は未来期待証が発行されます。

●実用数学技能検定合格，計算技能検定合格，数理技能検定合格をそれぞれ認め，永続してこれを保証します。

○実用数学技能検定取得のメリット

◎高等学校卒業程度認定試験の必須科目「数学」が試験免除
実用数学技能検定2級以上取得で，文部科学省が行う高等学校卒業程度認定試験の「数学」が免除になります。

◎実用数学技能検定取得者入試優遇制度
大学・短期大学・高等学校・中学校などの一般・推薦入試における各優遇措置があります。学校によって優遇の内容が異なりますのでご注意ください。

◎単位認定制度
大学・高等学校・高等専門学校などで，実用数学技能検定の取得者に単位を認定している学校があります。

○ 4級の検定内容および技能の概要

4級の検定内容は，下のような構造になっています。

F（中学2年）

検定の内容

文字式を用いた簡単な式の四則混合計算，文字式の利用と等式の変形，連立方程式，平行線の性質，三角形の合同条件，四角形の性質，一次関数，確率の基礎，簡単な統計 など

技能の概要

▶社会で主体的かつ合理的に行動するために役立つ基礎的数学技能

1. ２つのものの関係を文字式で合理的に表示することができる。
2. 簡単な情報を統計的な方法で表示することができる。

G（中学1年）

検定の内容

正の数・負の数を含む四則混合計算，文字を用いた式，一次式の加法・減法，一元一次方程式，基本的な作図，平行移動，対称移動，回転移動，空間における直線や平面の位置関係，扇形の弧の長さと面積，空間図形の構成，空間図形の投影・展開，柱体・錐体及び球の表面積と体積，直角座標，負の数を含む比例・反比例，度数分布とヒストグラム など

技能の概要

▶社会で賢く生活するために役立つ基礎的数学技能

1. 負の数がわかり，社会現象の実質的正負の変化をグラフに表すことができる。
2. 基本的図形を正確に描くことができる。
3. ２つのものの関係変化を直線で表示することができる。

H（小学6年）

検定の内容

分数を含む四則混合計算，円の面積，円柱・角柱の体積，縮図・拡大図，対称性などの理解，基本的単位の理解，比の理解，比例や反比例の理解，資料の整理，簡単な文字と式，簡単な測定や計量の理解 など

技能の概要

▶身近な生活に役立つ算数技能

1. 容器に入っている液体などの計量ができる。
2. 地図上で実際の大きさや広さを算出することができる。
3. ２つのものの関係を比やグラフで表示することができる。
4. 簡単な資料の整理をしたり表にまとめたりすることができる。

※アルファベットの下の表記は目安となる学年です。

受検時の注意

1）当日の持ち物

持ち物＼階級	1〜5級		6〜8級	9〜11級	かず・かたち検定
	1次	2次			
受検証（写真貼付）※1	必須	必須	必須	必須	
鉛筆またはシャープペンシル（黒のHB・B・2B）	必須	必須	必須	必須	必須
消しゴム	必須	必須	必須	必須	必須
ものさし（定規）		必須	必須	必須	
コンパス		必須	必須		
分度器			必須		
電卓（算盤）※2		使用可			

※1　個人受検と提供会場受検のみ

※2　使用できる電卓の種類　〇一般的な電卓　〇関数電卓　〇グラフ電卓
　通信機能や印刷機能をもつもの，携帯電話・スマートフォン・電子辞書・パソコンなどの電卓機能は使用できません。

2）答案を書く上での注意

計算技能検定問題・数理技能検定問題とも書き込み式です。
答案は採点者にわかりやすいようにていねいに書いてください。特に，0と6，4と9，PとDとOなど，まぎらわしい数字・文字は，はっきりと区別できるように書いてください。正しく採点できない場合があります。

受検申込方法

受検の申し込みには団体受検と個人受検があります。くわしくは，公式サイト（https://www.su-gaku.net/suken/）をご覧ください。

○個人受検の方法

個人受検できる検定日は，年3回です。検定日については公式サイト等でご確認ください。※9級，10級，11級は個人受検を実施しません。

- お申し込み後，検定日の約1週間前を目安に受検証を送付します。受検証に検定会場や時間が明記されています。
- 検定会場は全国の県庁所在地を目安に設置される予定です。（検定日によって設定される地域が異なりますのでご注意ください。）
- 一旦納入された検定料は，理由のいかんによらず返還，繰り越し等いたしません。

◎個人受検は次のいずれかの方法でお申し込みできます。

1）インターネットで申し込む

受付期間中に公式サイト（https://www.su-gaku.net/suken/）からお申し込みができます。詳細は，公式サイトをご覧ください。

2）LINEで申し込む

数検LINE公式アカウントからお申し込みができます。お申し込みには「友だち追加」が必要です。詳細は，公式サイトをご覧ください。

3）コンビニエンスストア設置の情報端末で申し込む

下記のコンビニエンスストアに設置されている情報端末からお申し込みができます。

◉ セブンイレブン「マルチコピー機」　◉ ローソン「Loppi」
◉ ファミリーマート「マルチコピー機」　◉ ミニストップ「MINISTOP Loppi」

4）郵送で申し込む

①公式サイトからダウンロードした個人受検申込書に必要事項を記入します。

②検定料を郵便口座に振り込みます。

※郵便局へ払い込んだ際の領収書を受け取ってください。
※検定料の払い込みだけでは，申し込みとなりません。

郵便局振替口座：00130-5-50929
公益財団法人 日本数学検定協会

③下記宛先に必要なものを郵送します。

(1)受検申込書　(2)領収書・振込明細書（またはそのコピー）

［宛先］　〒110-0005 東京都台東区上野5-1-1　文昌堂ビル4階
公益財団法人　日本数学検定協会　宛

デジタル特典　スマホで読める要点まとめ＋模擬検定問題

URL：https://gbc-library.gakken.jp/
ID：658nk
パスワード：wcv4apas

※「コンテンツ追加」から「ID」と「パスワード」をご入力ください。
※コンテンツの閲覧にはGakkenIDへの登録が必要です。IDとパスワードの無断転載・複製を禁じます。サイトアクセス・ダウンロード時の通信料はお客様のご負担になります。サービスは予告なく終了する場合があります。

受かる! 数学検定
過去問題集 4級
CONTENTS

《別冊》解答と解説
※巻末に,本冊と軽くのりづけされていますので,はずしてお使いください。

本書の特長と使い方

検定本番で100%の力を発揮するためには，検定問題の形式に慣れておく必要があります。本書は，実際に行われた過去の検定問題でリハーサルをして，実力の最終チェックができるようになっています。

本書で検定対策の総仕上げをして，自信をもって本番にのぞみましょう。

① 本番のつもりで過去問題を解く！

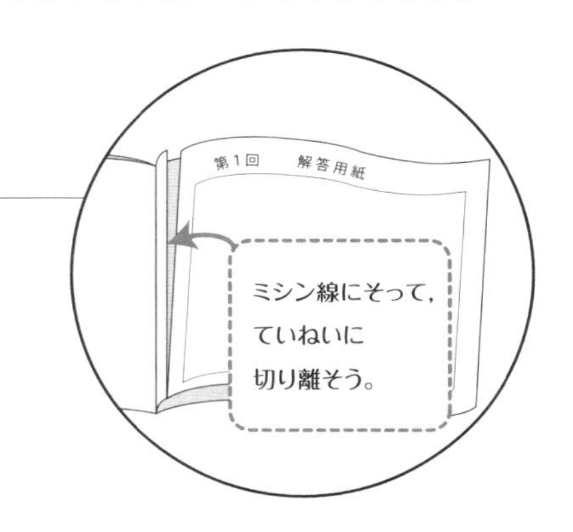

第1回　解答用紙
ミシン線にそって，
ていねいに
切り離そう。

まず，巻末についている解答用紙をていねいに切り取って，氏名と受検番号（好きな番号でよい）を書きましょう。

問題は，検定本番のつもりで，時間を計って制限時間内に解くようにしましょう。 なお，制限時間は1次が50分，2次が60分です。

② 解き終わったら，答え合わせ＆解説チェック！

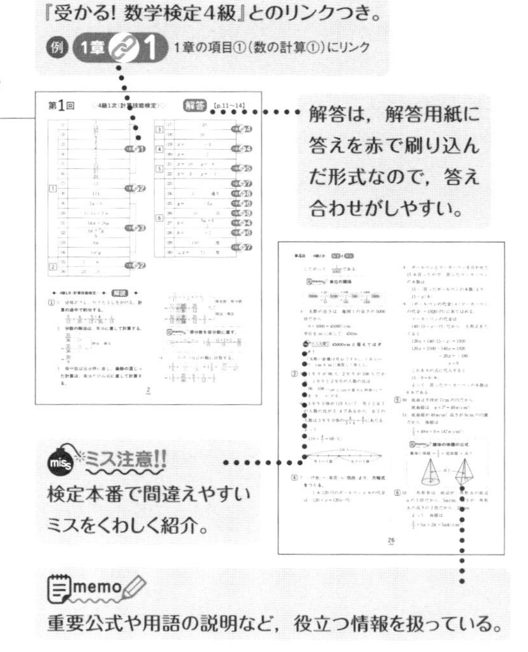

『受かる! 数学検定4級』とのリンクつき。
例 1章 1 1章の項目①（数の計算①）にリンク
解答は，解答用紙に答えを赤で刷り込んだ形式なので，答え合わせがしやすい。
ミス注意!!
検定本番で間違えやすいミスをくわしく紹介。
memo
重要公式や用語の説明など，役立つ情報を扱っている。

問題を解き終わったら，解答用紙と別冊解答とを照らし合わせて，答え合わせをしましょう。

間違えた問題は解説をよく読んで，しっかり解き方を身につけましょう。同じミスを繰り返さないことが大切です。

なお，本書は別売の数学検定攻略問題集「受かる！ 数学検定4級」とリンクしているので，間違えた問題や不安な問題は，「受かる！ 数学検定4級」でくわしく学習することもできます。重点的に弱点を克服したり，類題を解いたりして，レベルアップに役立てましょう。

第１回　**実用数学技能検定**　過去問題

４級

１次：計算技能検定

［検定時間］
50 分

検定上の注意

1．自分が受検する階級の問題用紙であるか確認してください。
2．検定開始の合図があるまで問題用紙を開かないでください。
3．この表紙の右下の欄に，氏名・受検番号を書いてください。
4．解答用紙の氏名・受検番号・生年月日の記入欄は，もれのないように書いてください。
5．解答用紙には答えだけを書いてください。
6．答えが分数になるとき，約分してもっとも簡単な分数にしてください。
7．電卓・ものさし・コンパスを使用することはできません。
8．携帯電話は電源を切り，検定中に使用しないでください。
9．問題用紙に乱丁・落丁がありましたら検定監督官に申し出てください。
10．出題内容に関する事項を当協会の許可なくインターネットなどの不特定多数が閲覧できるような所に掲載することを固く禁じます。
11．検定終了後，この問題用紙は解答用紙と一緒に回収します。必ず検定監督官に提出してください。

※検定上の注意は，実際の検定問題用紙に書かれている内容をそのまま掲載しています。

氏　名		受検番号	ー

公益財団法人　日本数学検定協会

〔4級〕　1次：計算技能検定

1　次の計算をしなさい。

(1) $\dfrac{5}{12}\times\dfrac{4}{25}$

(2) $\dfrac{35}{36}\div\dfrac{7}{16}$

(3) $2\dfrac{2}{15}\div1\dfrac{7}{9}\times2\dfrac{1}{12}$

(4) $1\dfrac{1}{5}\times\left(\dfrac{7}{15}-\dfrac{1}{20}\right)$

(5) $\dfrac{2}{9}\times0.15\div0.8$

(6) $2\dfrac{4}{5}\div2.1-\dfrac{5}{12}\times0.9$

(7) $-9-(-16)+(+5)$

(8) $(-7)^2-(-5^3)$

(9) $7x-2-(5x+4)$

(10) $0.6(x+4)+1.2(9x-5)$

(11) $4(-5x+9y)+2(x-4y)$

(12) $\dfrac{2x+5y}{2}+\dfrac{-x-4y}{3}$

(13) $27x^3y\div3x^2y$

(14) $52x^2y^2\div13xy^3\times2xy^2$

2　次の比をもっとも簡単な整数の比にしなさい。

(15)　$14 : 12$

(16)　$\frac{5}{6} : \frac{7}{8}$

3　$x=-4$のとき，次の式の値を求めなさい。

(17)　$8x+7$

(18)　$4x^2-6$

4　次の方程式を解きなさい。

(19)　$3x+10=6x+19$

(20)　$\frac{3}{4}x+\frac{7}{2}=2x+1$

5　次の連立方程式を解きなさい。

(21)　$\begin{cases} 3x-4y=-2 \\ 9x-10y=10 \end{cases}$

(22)　$\begin{cases} 3x+y=5 \\ y=-2x+3 \end{cases}$

6　次の問いに答えなさい。

(23)　右の図において，△DEF が △ABC の３倍の拡大図（かくだいず）になるように点Dの位置を決めます。どの点を選べばよいですか。ア～エの中から１つ選びなさい。

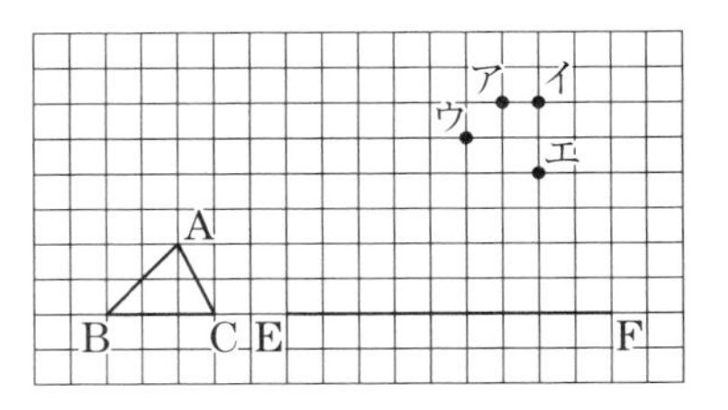

(24)　[5]，[6]，[7] の３枚（まい）のカードから２枚を選ぶとき，選び方は何通りありますか。

(25)　y は x に比例し，$x=3$ のとき $y=-9$ です。y を x を用いて表しなさい。

(26)　右の度数分布表において，階級の幅（はば）は何点ですか。

数学のテストの点数

階級(点)	度数(人)
40 以上 ～ 50 未満	1
50 ～ 60	6
60 ～ 70	7
70 ～ 80	13
80 ～ 90	8
90 ～ 100	5
合計	40

(27)　等式 $5a=3b-8$ を b について解きなさい。

(28)　１次関数 $y=\frac{1}{3}x+b$ のグラフが点(6，0)を通るとき，b の値（あたい）を求めなさい。

(29)　正十二角形の１つの内角の大きさは何度ですか。

(30)　右の図で，$\ell /\!/ m$ のとき，$\angle x$ の大きさは何度ですか。

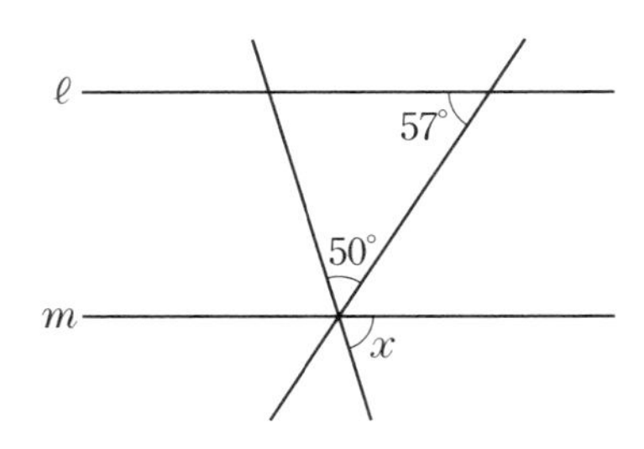

第1回　**実用数学技能検定**　過去問題

4級

2次：数理技能検定

［検定時間］
60分

—— 検定上の注意 ——

1．自分が受検する階級の問題用紙であるか確認してください。
2．検定開始の合図があるまで問題用紙を開かないでください。
3．この表紙の右下の欄に，氏名・受検番号を書いてください。
4．解答用紙の氏名・受検番号・生年月日の記入欄は，もれのないように書いてください。
5．解答用紙には答えだけを書いてください。答えと解き方が指示されている場合は，その指示にしたがってください。
6．答えが分数になるとき，約分してもっとも簡単な分数にしてください。
7．電卓を使用することができます。
8．携帯電話は電源を切り，検定中に使用しないでください。
9．問題用紙に乱丁・落丁がありましたら検定監督官に申し出てください。
10．出題内容に関する事項を当協会の許可なくインターネットなどの不特定多数が閲覧できるような所に掲載することを固く禁じます。
11．検定終了後，この問題用紙は解答用紙と一緒に回収します。必ず検定監督官に提出してください。

※検定上の注意は，実際の検定問題用紙に書かれている内容をそのまま掲載しています。

氏　名		受検番号	—

公益財団法人　日本数学検定協会

〔４級〕　２次：数理技能検定

1　赤と白のリボンがあります。赤いリボンの長さが$5\frac{2}{5}$m のとき，次の問いに単位をつけて答えなさい。

(1)　白いリボンの長さは，赤いリボンの長さの$\frac{5}{6}$倍です。白いリボンの長さは何 m ですか。

(2)　赤いリボンを切って 18 等分します。切ったあとのリボン１本の長さは何 m ですか。

2　下の立体の体積は，それぞれ何 cm^3 ですか。単位をつけて答えなさい。

（測定技能）

(3)　三角柱

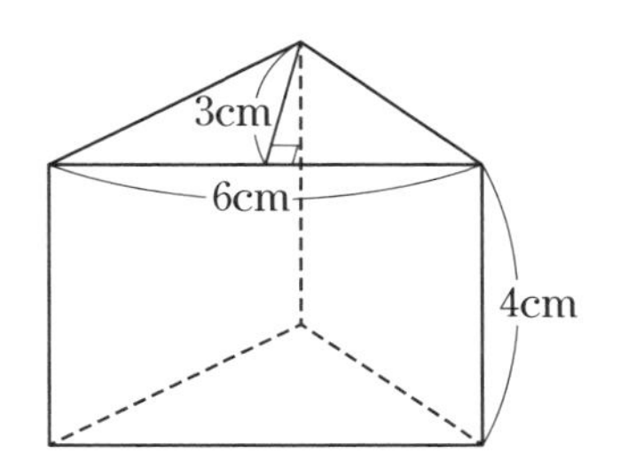

(4)　四角柱(底面はひし形)

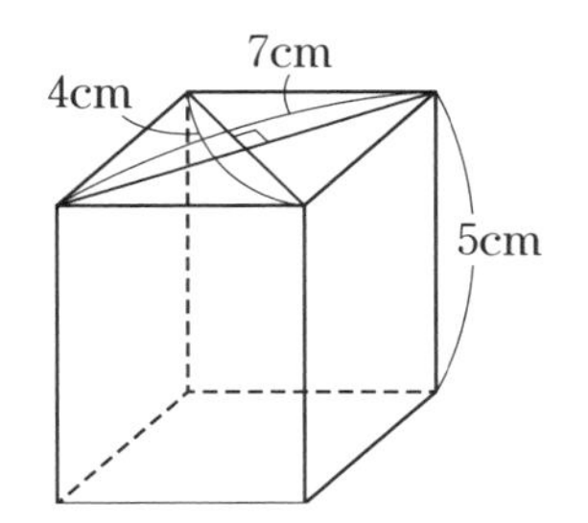

3

右の図のような旗のA，B，Cの部分を，赤，青，黄，緑の4色から3色を選んでぬります。次の問いに答えなさい。

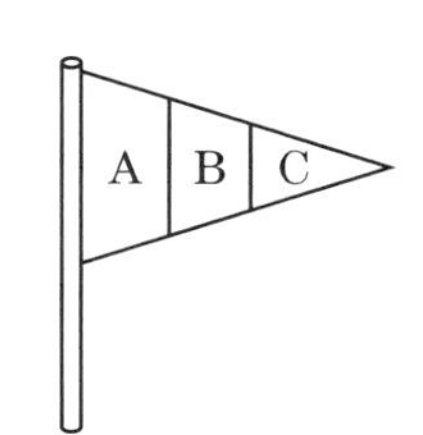

(5) Aを赤でぬるとき，ぬり方は何通りありますか。

(6) 旗のぬり方は全部で何通りありますか。

4

右の図のような，縦（たて）a cm，横 b cm の長方形があります。次の問いに答えなさい。

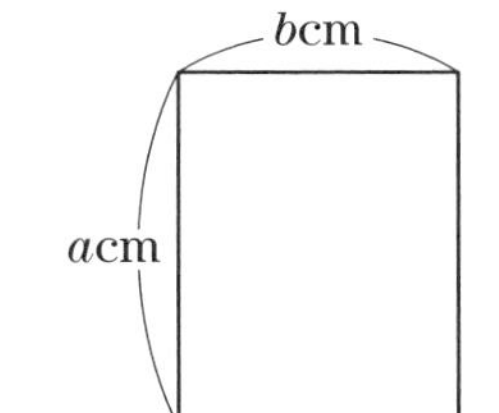

(7) 面積は何 cm^2 ですか。a，b を用いて表しなさい。（表現技能）

(8) 周の長さは何 cm ですか。a，b を用いて表しなさい。（表現技能）

(9) 縦は横より長いです。この数量の関係を表した式を，下の①～⑥の中から2つ選びなさい。

① $a<b$　② $a \leqq b$　③ $a>b$　④ $a \geqq b$
⑤ $a-b<0$　⑥ $a-b>0$

5　右の図のように，関数 $y=ax$ のグラフと関数 $y=\frac{b}{x}$ のグラフが点 A$(-4,\ 6)$ で交わっています。次の問いに答えなさい。

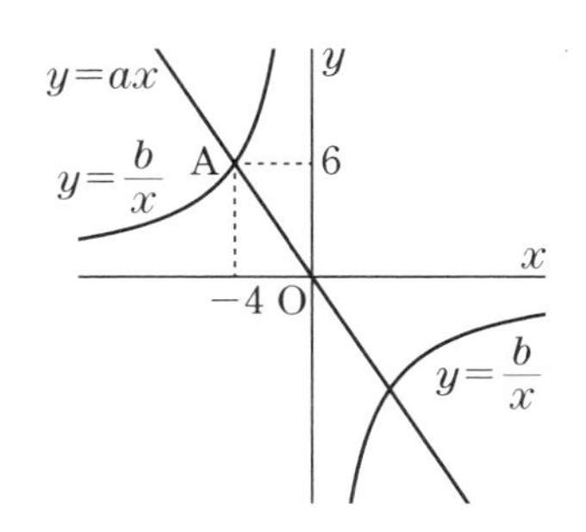

(10)　a の値(あたい)を求めなさい。

(11)　b の値を求めなさい。

(12)　関数 $y=\frac{b}{x}$ のグラフ上に x 座標が -12 である点Bをとります。点Bの座標を求めなさい。

6　あさひさんは，洋菓子(ようがし)店で１個340円のショートケーキと１個320円のチーズケーキを何個か買い，代金として3340円払(はら)いました。買ったショートケーキの個数を x 個，チーズケーキの個数を y 個として，次の問いに答えなさい。ただし，消費税は値段(ねだん)に含(ふく)まれているので，考える必要はありません。

(13)　代金について，x，y を用いた方程式をつくりなさい。　　（表現技能）

(14)　あさひさんは，ショートケーキとチーズケーキを合わせて10個買いました。あさひさんは，ショートケーキとチーズケーキをそれぞれ何個買いましたか。x，y を用いた連立方程式をつくり，それを解いて求めなさい。この問題は，計算の途中(とちゅう)の式と答えを書きなさい。

7

水が180L入っている水槽から一定の割合で水を排出します。下の表は，水を排出し始めてからx分後の水槽の中の水の量をyLとして，xとyの関係を表したものです。次の問いに答えなさい。

x	0	1	2	3	4	…
y	180	174	168	162	156	…

⒂　yをxを用いて表しなさい。　（表現技能）

⒃　水槽の中の水の量が30Lになるのは，水を排出し始めてから何分後ですか。⒂で答えた式を用いて求めなさい。この問題は，計算の途中の式と答えを書きなさい。

8

右の図のように，△ABCの辺AC上にAD＝CEとなる点D，Eをとります。頂点Cを通り辺ABに平行な直線を引き，直線BEとの交点をFとします。また，点Dを通りBFに平行な直線を引き，辺ABとの交点をGとします。このとき，AG＝CFであることを，△AGDと△CFEが合同であることを用いて，もっとも簡潔な手順で証明します。次の問いに答えなさい。ただし，点A，D，E，Cは，互いに異なる点で，辺AC上にこの順で並んでいるものとします。

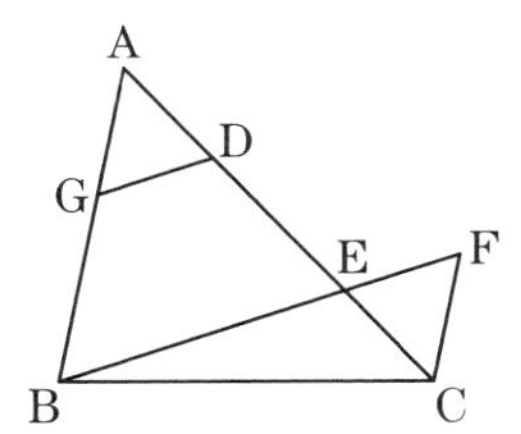

⒄　△AGDと△CFEが合同であることを示すときに必要な条件を，下の①～⑥の中から3つ選びなさい。

①　AD＝CE　②　DG＝EF　③　GA＝FC
④　∠AGD＝∠CFE　⑤　∠GDA＝∠FEC　⑥　∠DAG＝∠ECF

⒅　△AGDと△CFEが合同であることを示すときに用いる合同条件を，下の①～⑤の中から1つ選びなさい。

①　3組の辺がそれぞれ等しい。
②　2組の辺とその間の角がそれぞれ等しい。
③　1組の辺とその両端の角がそれぞれ等しい。
④　直角三角形の斜辺と1つの鋭角がそれぞれ等しい。
⑤　直角三角形の斜辺と他の1辺がそれぞれ等しい。

9

りんごは，同じ品種の花粉では実がならないので，果樹園ではいくつかの品種を一緒に栽培します。しかし，異なる品種を一緒に栽培すればすべての品種に実がなるというわけではなく，花粉が使えない品種もあります。青森県で栽培されているりんごの８品種について，他の品種の実をならせるときに花粉が使える品種と使えない品種を分類すると下のようになります。

花粉が使える品種

A. つがる　B. トキ　C. 紅玉
D. 王林　E. ふじ

花粉が使えない品種

F. 彩香　G. ジョナゴールド
H. 陸奥

たとえば，A(つがる)だけを栽培しても実がなりませんが，AとB(トキ)を栽培すると，それぞれの花粉でAもBも実がなります。また，AとF(彩香)の２つの品種だけを栽培すると，FはAの花粉で実がなりますが，AはFの花粉では実がなりません。そこで，AとFに加えてたとえばC(紅玉)を一緒に栽培すると，AはCの花粉で実がなり，CはAの花粉で実がなり，FはAまたはCの花粉で実がなることになります。

青森県のりんごは，どの品種も５月頃に開花し受粉して，やがて実がなり，収穫を迎えます。次の問いに答えなさい。　(整理技能)

⒆　一緒に栽培したとき，すべての品種で実がなる組み合わせはどれですか。下の①～⑥の中からすべて選びなさい。

①　B，E　　②　D，G　　③　F，H
④　A，D，H　　⑤　B，D，E　　⑥　B，F，G

⒇　下の図は，A～Hの品種について，主な収穫時期をまとめたもので，▨が収穫時期を表しています。

F(彩香)とG(ジョナゴールド)とその他いくつかの品種を一緒に栽培し，栽培したすべての品種で収穫時期が９月下旬に始まって10月中旬に終わり，収穫がこの期間途切れなく続くようにします。栽培する品種の数をできるだけ少なくするとき，F，Gと一緒にどの品種を栽培すればよいですか。栽培する品種をすべて選び，記号で答えなさい。

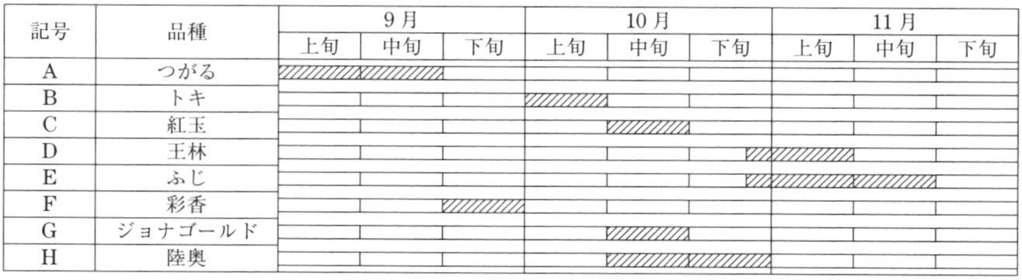

記号	品種	9月			10月			11月		
		上旬	中旬	下旬	上旬	中旬	下旬	上旬	中旬	下旬
A	つがる	▨	▨							
B	トキ				▨					
C	紅玉					▨				
D	王林						▨	▨		
E	ふじ						▨	▨	▨	
F	彩香			▨						
G	ジョナゴールド					▨				
H	陸奥					▨	▨			

(青森県弘前市のウェブサイトより抜粋)

第2回　実用数学技能検定　過去問題

4級

1次：計算技能検定

［検定時間］
50分

検定上の注意

1．自分が受検する階級の問題用紙であるか確認(かくにん)してください。
2．検定開始の合図があるまで問題用紙を開かないでください。
3．この表紙の右下の欄(らん)に，氏名・受検番号を書いてください。
4．解答用紙の氏名・受検番号・生年月日の記入欄は，もれのないように書いてください。
5．解答用紙には答えだけを書いてください。
6．答えが分数になるとき，約分してもっとも簡単(かんたん)な分数にしてください。
7．電卓(でんたく)・ものさし・コンパスを使用することはできません。
8．携帯電話(けいたいでんわ)は電源(でんげん)を切り，検定中に使用しないでください。
9．問題用紙に乱丁(らんちょう)・落丁(らくちょう)がありましたら検定監督官(けんていかんとくかん)に申し出てください。
10．出題内容に関する事項(じこう)を当協会の許可なくインターネットなどの不特定多数が閲覧(えつらん)できるような所に掲載(けいさい)することを固く禁じます。
11．検定終了後(けんていしゅうりょうご)，この問題用紙は解答用紙と一緒(いっしょ)に回収(かいしゅう)します。必ず検定監督官に提出してください。

※検定上の注意は，実際の検定問題用紙に書かれている内容をそのまま掲載しています。

氏　名		受検番号	—

公益財団法人　日本数学検定協会

〔４級〕　１次：計算技能検定

1

次の計算をしなさい。

(1) $\frac{3}{8}\times\frac{4}{15}$

(2) $\frac{7}{12}\div 6\frac{1}{8}$

(3) $\frac{9}{16}\times 1\frac{2}{3}\div\frac{5}{8}$

(4) $6\frac{1}{4}-3\frac{1}{5}\div\frac{4}{7}$

(5) $\frac{8}{15}\div 4\frac{2}{3}\times 0.75$

(6) $0.25+\frac{5}{6}\times\frac{2}{3}$

(7) $15-(-2)-7$

(8) $(-4)^3+(-3)^2$

(9) $3x+2-(7x-6)$

(10) $10(0.8x-6)-4(0.7x+2)$

(11) $3(7x+4y)+2(5x-7y)$

(12) $\frac{8x-9y}{6}-\frac{4x-7y}{5}$

(13) $63x^3y^4\div 3x^2y$

(14) $56xy^4\div 7x^2y^3\times 8x^2y$

2

次の比をもっとも簡単（かんたん）な整数の比にしなさい。

(15) $64:80$

(16) $\frac{3}{8}:\frac{6}{7}$

3　$x=-2$ のとき，次の式の値(あたい)を求めなさい。

(17)　$-3x-7$

(18)　$\dfrac{56}{x}$

4　次の方程式を解きなさい。

(19)　$8x+10=9x+24$

(20)　$\dfrac{-3x+2}{4}=\dfrac{5x-16}{6}$

5　次の連立方程式を解きなさい。

(21)　$\begin{cases} x+4y=-3 \\ 3x-2y=19 \end{cases}$

(22)　$\begin{cases} y=4x+4 \\ -5x+2y=2 \end{cases}$

6　次の問いに答えなさい。

(23)　右の図は，直線ABを対称(たいしょう)の軸(じく)とする線対称な図形の一部です。この図形が線対称な図形となるように，もう１つの頂点(ちょうてん)の位置を決めます。頂点となる点はどれですか。ア～エの中から１つ選びなさい。

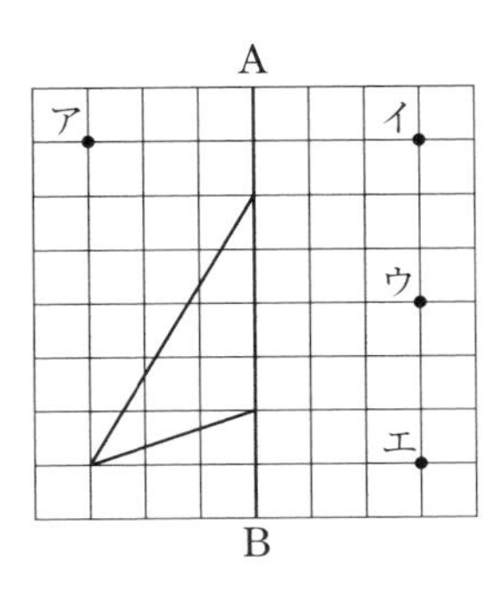

⑵4 [1]，[2]，[3] の３枚のカードから２枚を選んで２けたの整数をつくります。その選び方を右の図のように表すとき，アにあてはまる数を書きなさい。

十の位　一の位

[1] ＜ [2]、[3]

[2] ＜ [1]、[ア]

[3] ＜ [1]、[2]

⑵5 y は x に比例し，$x=-5$ のとき $y=15$ です。y を x を用いて表しなさい。

⑵6 右の度数分布表において，階級の幅は何 m ですか。

ハンドボール投げの記録

階級(m)	度数(人)
7 以上 ～ 10 未満	2
10 ～ 13	4
13 ～ 16	5
16 ～ 19	8
19 ～ 22	3
22 ～ 25	2
合計	24

⑵7 等式 $9x-2y+8=0$ を y について解きなさい。

⑵8 １次関数 $y=ax-8$ のグラフが点$(2,\ -18)$を通るとき，a の値を求めなさい。

⑵9 正八角形の１つの内角の大きさは何度ですか。

⑶0 右の図で，$\ell /\!/ m$ のとき，$\angle x$ の大きさは何度ですか。

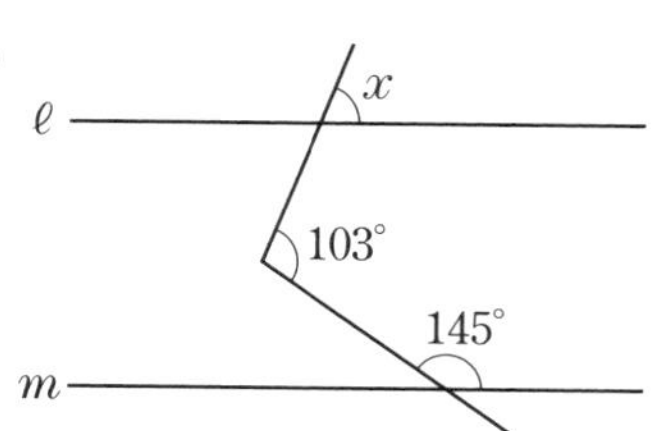

第2回　**実用数学技能検定**　過去問題

4級

2次：数理技能検定

［検定時間］
60分

——— 検定上の注意 ———

1．自分が受検する階級の問題用紙であるか確認（かくにん）してください。
2．検定開始の合図があるまで問題用紙を開かないでください。
3．この表紙の右下の欄（らん）に，氏名・受検番号を書いてください。
4．解答用紙の氏名・受検番号・生年月日の記入欄は，もれのないように書いてください。
5．解答用紙には答えだけを書いてください。答えと解き方が指示されている場合は，その指示にしたがってください。
6．答えが分数になるとき，約分してもっとも簡単（かんたん）な分数にしてください。
7．電卓（でんたく）を使用することができます。
8．携帯電話（けいたいでんわ）は電源（でんげん）を切り，検定中に使用しないでください。
9．問題用紙に乱丁（らんちょう）・落丁（らくちょう）がありましたら検定監督官（けんていかんとくかん）に申し出てください。
10．出題内容に関する事項（じこう）を当協会の許可なくインターネットなどの不特定多数が閲覧（えつらん）できるような所に掲載（けいさい）することを固く禁じます。
11．検定終了後（けんていしゅうりょうご），この問題用紙は解答用紙と一緒（いっしょ）に回収（かいしゅう）します。必ず検定監督官に提出してください。

※検定上の注意は，実際の検定問題用紙に書かれている内容をそのまま掲載しています。

氏　名		受検番号	－

公益財団法人　日本数学検定協会

〔4級〕　2次：数理技能検定

1　ある分数を $\frac{14}{15}$ でわるところを，間違(まちが)えて $\frac{14}{15}$ をかけてしまったため，計算結果が $\frac{4}{25}$ になりました。次の問いに答えなさい。

(1)　ある分数を求めなさい。

(2)　正しい計算結果を求めなさい。

2　右の図のような，底面の円の半径が 5 cm，高さが 10cm の円柱の形をした貯金箱があります。次の問いに単位をつけて答えなさい。ただし，円周率は 3.14 とします。　（測定技能）

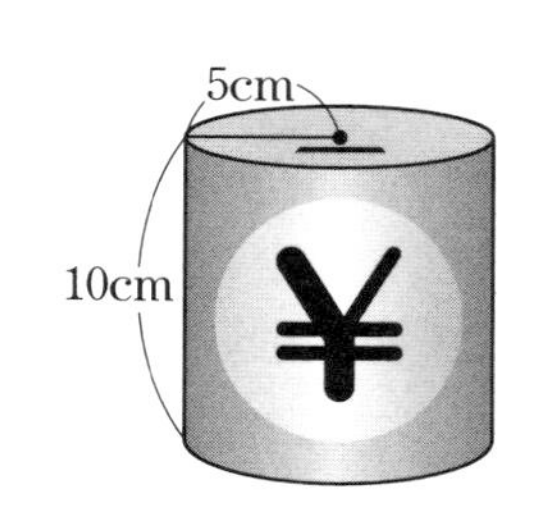

(3)　底面積は何 cm^2 ですか。

(4)　体積は何 cm^3 ですか。

3　ある中学校の生徒の人数について，次の問いに答えなさい。

(5)　全校生徒の人数は，男子が 140 人，女子が 135 人です。男子と女子の人数の比を，もっとも簡単な整数の比で表しなさい。

(6)　２年生の人数は 90 人で，男子と女子の人数の比は８：７です。２年生の男子の人数は何人ですか。

4　家から駅までの道のりは 500m です。次の問いに答えなさい。

(7)　家から駅まで分速 a m で歩くとき，かかる時間は何分ですか。a を用いて表し，単位をつけて答えなさい。　（表現技能）

(8)　家から駅へ向かって歩くことについて，$500-b<60$ は，どのような関係を表していますか。下の㋐～㋓の中から１つ選びなさい。

㋐　家から駅へ向かって b m 歩いたときの残りの道のりは，60m より長い。

㋑　家から駅へ向かって b m 歩いたときの残りの道のりは，60m より短い。

㋒　家から駅へ向かって b 分歩いたときの残りの時間は，60 分より長い。

㋓　家から駅へ向かって b 分歩いたときの残りの時間は，60 分より短い。

(9)　家から駅へ向かって分速 70m で c 分歩いたときの残りの道のりは，200m 以上でした。この数量の関係を表した式を，下の㋕～㋘の中から１つ選びなさい。

㋕　$500-70c>200$

㋖　$500-70c\geqq 200$

㋗　$500-70c<200$

㋘　$500-70c\leqq 200$

5

右の図のような，半径が3cm，中心角が60°のおうぎ形OABがあります。次の問いに単位をつけて答えなさい。ただし，円周率はπとします。（測定技能）

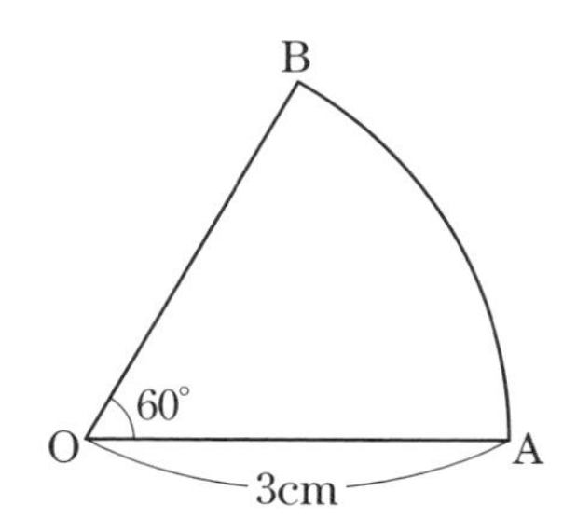

(10) 弧(こ)ABの長さは何cmですか。

(11) 面積は何cm^2ですか。

6

たかおさんは，1本40円の鉛筆(えんぴつ)と1本100円のペンを何本か買いました。鉛筆をx本，ペンをy本買ったものとして，次の問いに答えなさい。ただし，消費税は値段(ねだん)に含(ふく)まれているので，考える必要はありません。

(12) たかおさんは，鉛筆とペンを合わせて8本買いました。買った本数について，x，yを用いた方程式をつくりなさい。（表現技能）

(13) 鉛筆とペンの代金は合わせて500円でした。代金について，x，yを用いた方程式をつくりなさい。（表現技能）

(14) (12)，(13)のとき，たかおさんが買った鉛筆とペンはそれぞれ何本ですか。x，yを用いた連立方程式をつくり，それを解いて求めなさい。この問題は，計算の途中(とちゅう)の式と答えを書きなさい。

7

右の図のように，$y=2x-4$ で表される直線 ℓ と，$y=-\frac{1}{2}x+b$ で表される直線 m があり，ℓ と m の交点をPとします。点Pの x 座標が6のとき，次の問いに答えなさい。

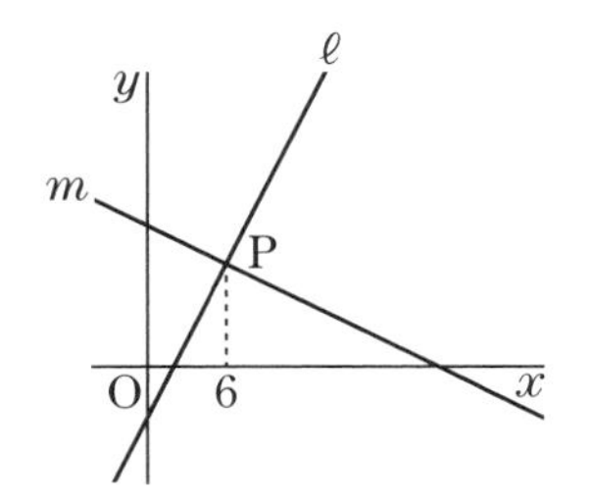

(15) 点Pの座標を求めなさい。この問題は，計算の途中の式と答えを書きなさい。

(16) 直線 m の式を求めなさい。　　（表現技能）

8

右の箱ひげ図は，ある農園で収穫されたトマトの重さをまとめたものです。次の問いに単位をつけて答えなさい。　　（統計技能）

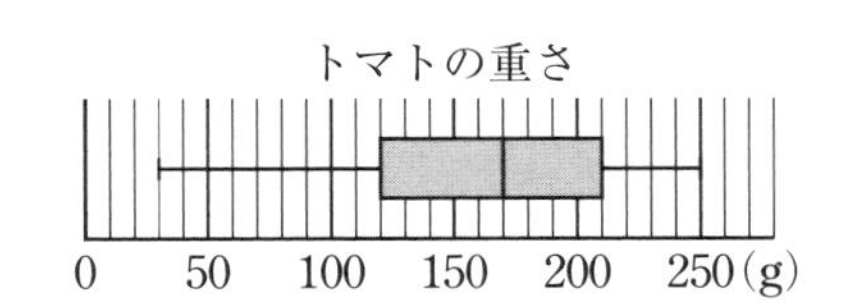

(17) 第１四分位数を求めなさい。

(18) 四分位範囲を求めなさい。

9　ある整数Aについて，それぞれの位の数を２乗してたした値(あたい)を【A】と表すこととします。たとえば，整数Aが204のとき

$$【204】=2^2+0^2+4^2=20$$

となります。次の問いに答えなさい。（整理技能）

(19)　【53】の値を求めなさい。

(20)　【x】$=50$となる２けたの整数xのうち，もっとも大きい数を求めなさい。

第３回　**実用数学技能検定**　過去問題

４級

１次：計算技能検定

［検定時間］
50 分

検定上の注意

1．自分が受検する階級の問題用紙であるか確認してください。
2．検定開始の合図があるまで問題用紙を開かないでください。
3．この表紙の右下の欄に，氏名・受検番号を書いてください。
4．解答用紙の氏名・受検番号・生年月日の記入欄は，もれのないように書いてください。
5．解答用紙には答えだけを書いてください。
6．答えが分数になるとき，約分してもっとも簡単な分数にしてください。
7．電卓・ものさし・コンパスを使用することはできません。
8．携帯電話は電源を切り，検定中に使用しないでください。
9．問題用紙に乱丁・落丁がありましたら検定監督官に申し出てください。
10．出題内容に関する事項を当協会の許可なくインターネットなどの不特定多数が閲覧できるような所に掲載することを固く禁じます。
11．検定終了後，この問題用紙は解答用紙と一緒に回収します。必ず検定監督官に提出してください。

※検定上の注意は，実際の検定問題用紙に書かれている内容をそのまま掲載しています。

氏　名		受検番号	ー

公益財団法人　日本数学検定協会

〔4級〕　1次：計算技能検定

1　次の計算をしなさい。

(1) $\dfrac{3}{14}\times\dfrac{7}{9}$

(2) $\dfrac{5}{8}\div\dfrac{25}{28}$

(3) $\dfrac{48}{55}\times3\dfrac{1}{8}\div\dfrac{5}{11}$

(4) $\dfrac{14}{45}\div\left(1\dfrac{3}{10}-\dfrac{5}{6}\right)$

(5) $6\div1\dfrac{7}{20}\times2.7$

(6) $0.3\times\dfrac{1}{6}+1.2\div1\dfrac{1}{3}$

(7) $14-(-17)-4$

(8) $(-3)^3-(-9)^2$

(9) $2x-1+(-7x+8)$

(10) $0.6(-9x+2)+0.5(8x-7)$

(11) $3(-7x+5y)-(2x+9y)$

(12) $\dfrac{x-3y}{2}+\dfrac{-4x+8y}{5}$

(13) $18x^3y^4\div(-3xy^2)^2$

(14) $24x^3y^2\times3xy\div(-2x^2y)$

2

次の比をもっとも簡単な整数の比にしなさい。

(15)　$20:45$

(16)　$\frac{4}{35}:\frac{3}{50}$

3

$x=-9$ のとき，次の式の値を求めなさい。

(17)　$-8x+7$

(18)　$\frac{54}{x}$

4

次の方程式を解きなさい。

(19)　$8x+4=5x-11$

(20)　$x-2.5=2.8x+15.5$

5

次の連立方程式を解きなさい。

(21)　$\begin{cases} 3x+2y=2 \\ x-3y=8 \end{cases}$

(22)　$\begin{cases} x=-2y+5 \\ x-4y=-13 \end{cases}$

6　次の問いに答えなさい。

(23)　右の図で，△DEF が △ABC の $\frac{1}{2}$ の縮図となるように，点 D の位置を決めます。点 D となる点はどれですか。ア～エの中から１つ選びなさい。

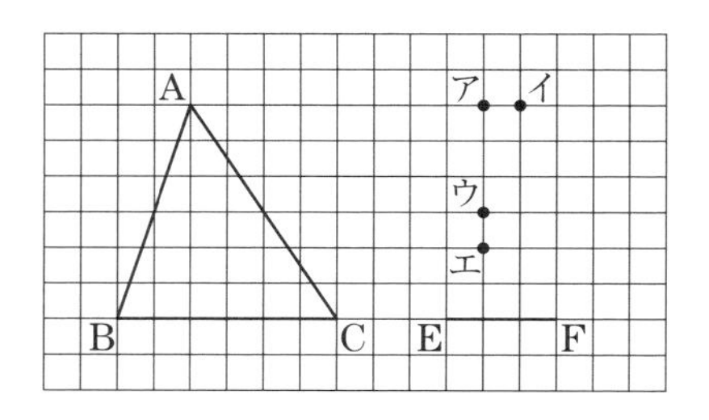

(24)　３人の中から掃除当番を２人選びます。選び方は全部で何通りありますか。

(25)　y は x に比例し，$x=6$ のとき $y=-18$ です。y を x を用いて表しなさい。

(26)　下のデータについて，範囲を求めなさい。

3，4，4，6，7，9，11，12

(27)　等式 $8y=-2x+5$ を x について解きなさい。

(28)　１次関数 $y=\frac{1}{4}x+b$ のグラフが点$(12,\ -9)$を通るとき，b の値を求めなさい。

(29)　正十八角形の１つの内角の大きさは何度ですか。

(30)　右の図で，$\ell /\!/ m$ のとき，$\angle x$ の大きさは何度ですか。

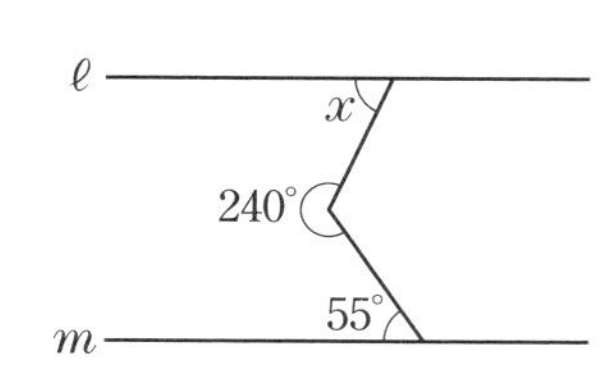

第3回 **実用数学技能検定** 過去問題

4級

2次：数理技能検定

［検定時間］
60分

検定上の注意

1. 自分が受検する階級の問題用紙であるか確認してください。
2. 検定開始の合図があるまで問題用紙を開かないでください。
3. この表紙の右下の欄に，氏名・受検番号を書いてください。
4. 解答用紙の氏名・受検番号・生年月日の記入欄は，もれのないように書いてください。
5. 解答用紙には答えだけを書いてください。答えと解き方が指示されている場合は，その指示にしたがってください。
6. 答えが分数になるとき，約分してもっとも簡単な分数にしてください。
7. 電卓を使用することができます。
8. 携帯電話は電源を切り，検定中に使用しないでください。
9. 問題用紙に乱丁・落丁がありましたら検定監督官に申し出てください。
10. 出題内容に関する事項を当協会の許可なくインターネットなどの不特定多数が閲覧できるような所に掲載することを固く禁じます。
11. 検定終了後，この問題用紙は解答用紙と一緒に回収します。必ず検定監督官に提出してください。

※検定上の注意は，実際の検定問題用紙に書かれている内容をそのまま掲載しています。

氏　名		受検番号	―

公益財団法人 日本数学検定協会

〔4級〕　2次：数理技能検定

1

15km のジョギングコースを走ります。このコースを $x$km 走ったときの残りの道のりを $y$km とするとき，次の問いに答えなさい。

(1)　x と y の関係を式に表しなさい。　（表現技能）

(2)　残りの道のりが 6km のとき，走った道のりは何 km ですか。単位をつけて答えなさい。

2

下の立体の体積は，それぞれ何 cm^3 ですか。単位をつけて答えなさい。
（測定技能）

(3)　六角柱(底面積は 87cm^2)

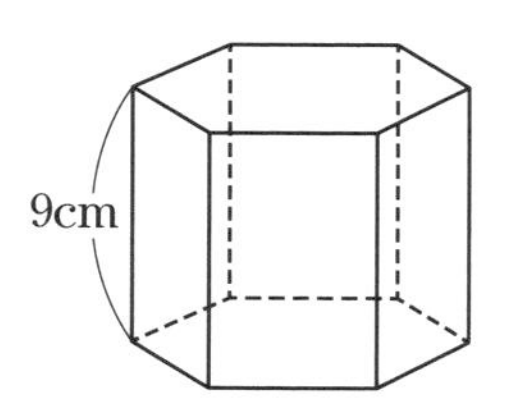

(4)　三角柱

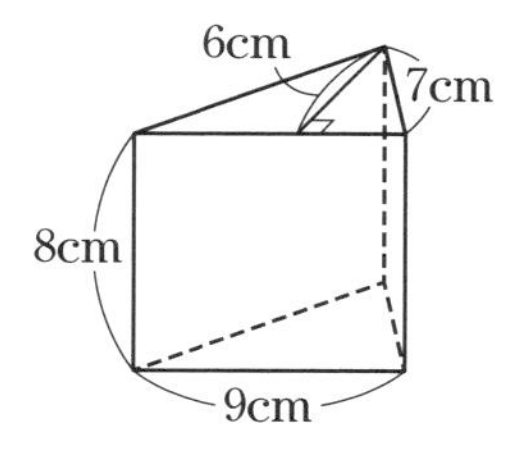

3

つとむさんの身長は150cmで，つとむさんとお父さんの身長の比は6：7です。次の問いに単位をつけて答えなさい。

(5)　お父さんの身長は何cmですか。

(6)　1年前のつとむさんとお父さんの身長の比は4：5でした。つとむさんの身長はこの1年間で何cm伸（の）びましたか。ただし，お父さんの身長は変化していないものとします。

4

下の表は，2021年3月1日から3月7日までの北海道釧路（くしろ）市の最高気温と最低気温をまとめたものです。次の問いに単位をつけて答えなさい。

	1日	2日	3日	4日	5日	6日	7日
最高気温(℃)	4.5	−0.8	−3.2	2.1	5.7	3.9	−0.6
最低気温(℃)	−1.5	−3.7	−11.4	−14.5	1.2	−9.5	−13.0

（気象庁のウェブサイトより）

(7)　3月2日について，最高気温は最低気温より何℃高いですか。

(8)　最高気温から最低気温をひいた差がもっとも大きいのは3月何日ですか。また，その差は何℃ですか。

(9)　7日間の最高気温の平均は何℃ですか。答えは小数第2位を四捨五入（ししゃごにゅう）して，小数第1位まで求めなさい。

5

右の図は，半径が20cm，中心角が144°のおうぎ形です。次の問いに答えなさい。ただし，円周率はπとします。　（測定技能）

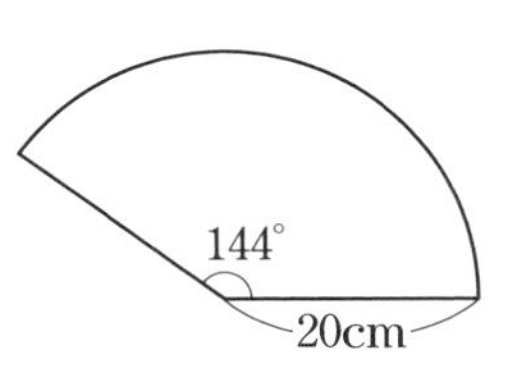

(10)　弧（こ）の長さは何cmですか。

(11)　面積は何cm^2ですか。この問題は，計算の途中（とちゅう）の式と答えを書きなさい。

6

次の問題について考えます。

【問題】

ある中学校の今年度の生徒数は，男女合わせて 180 人です。昨年度の生徒数は，男子は今年度より 10％多く，女子は今年度より 20％少なく，男女合わせて 168 人でした。今年度の男子と女子の人数は，それぞれ何人ですか。

この問題は，次のように解くことができます。

【解答】

今年度の男子の人数を x 人，今年度の女子の人数を y 人とすると，合わせて 180 人なので

$x+y=180$ …①

昨年度の生徒数は，男子は今年度より 10％多く，女子は今年度より 20％少なく，合わせて 168 人なので

［ A ］$=168$ …②

①，②の式を連立方程式として解くと

$x=$［ B ］，$y=$［ C ］

であるから，今年度の男子の人数は［ B ］人，今年度の女子の人数は［ C ］人である。

次の問いに答えなさい。

(12) ［ A ］にあてはまる式を，下のア～エの中から1つ選びなさい。

ア　$0.1x+0.2y$
イ　$0.1x-0.2y$
ウ　$1.1x+0.8y$
エ　$1.1x-0.8y$

(13) ［ B ］，［ C ］にあてはまる数をそれぞれ求めなさい。

7

右の図のように，$y=\dfrac{2}{3}x-2$ で表される直線 ℓ と，点(0, 5)を通る直線 m が，点Aで交わっています。点Aの x 座標が6であるとき，次の問いに答えなさい。

(14) 点Aの座標を求めなさい。この問題は，計算の途中の式と答えを書きなさい。

(15) 直線 m の式を求め，y を x を用いて表しなさい。　　　　（表現技能）

(16) 直線 m と x 軸の交点をBとするとき，点Bの座標を求めなさい。

8

A，B，C，Dの4人は，遠足で乗るバスの席を決めています。4人の席は右の図のア～エで，イとエは窓側の席です。4人は，ア，イ，ウ，エの4枚のカードが入った箱からカードを1枚ずつ取り出し，取り出したカードに書かれた文字の席に座ることにしました。次の問いに答えなさい。

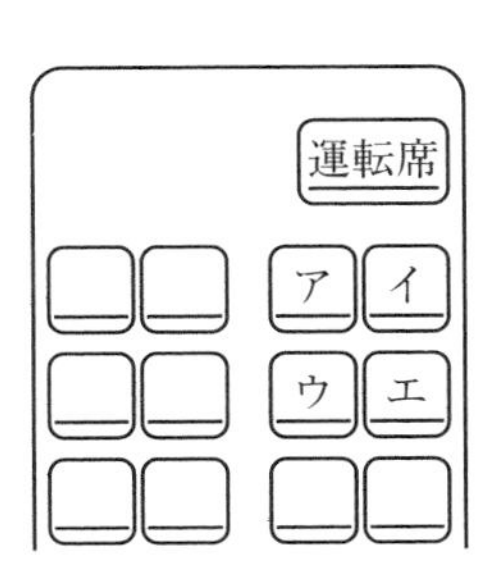

(17) Aが窓側の席となる確率を求めなさい。

(18) CとDが隣どうしの席となる確率を求めなさい。

9

下の図のように，1辺が100mの正方形からなるます目があります。線は道路を表し，交点は交差点を表しています。㋐，㋑，㋒の交差点の近くに，あゆみさん，いつきさん，うめかさんの家がそれぞれあります。

3人は一緒(いっしょ)に遊ぶためにどこかの交差点に集合することにしました。3人はそれぞれ㋐～㋒の交差点を出発し，集合場所まで道路に沿(そ)って，道のりがもっとも短くなるように歩きます。たとえば，交差点Pを集合場所とすると，交差点Pまであゆみさんは500m，いつきさんは300m，うめかさんは300m歩きます。

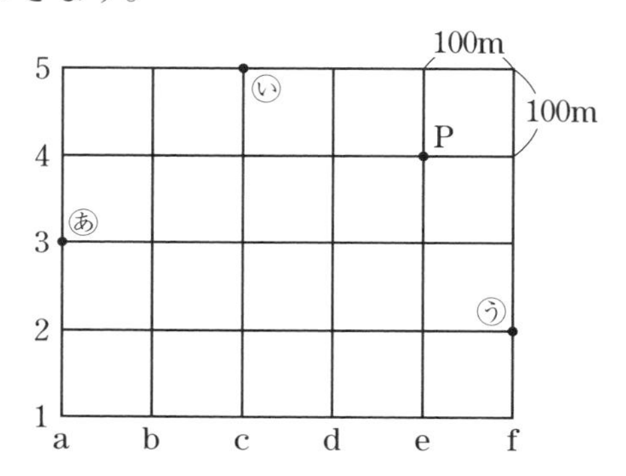

3人の集合場所を決めるとき，次の問いに答えなさい。ただし，図のように縦(たて)の道をa～fで表し，横の道を1～5で表すものとし，交差点の位置を記号と番号を用いて表します。たとえば，交差点Pは「e4」と表されます。　　　　　　　　　　　　　　　　　　　　　　　　(整理技能)

(19)　あゆみさんは，3人のうち，どの人も歩く道のりが300m以下になる交差点を集合場所にしようと考えました。この考えによると，集合場所となりうる交差点はいくつかあります。それらの交差点の位置をすべて求め，記号と番号で表しなさい。

(20)　いつきさんは，3人の歩く道のりの合計がもっとも短くなる交差点を集合場所にしようと考えました。この考えによると，集合場所となる交差点はどこですか。その位置を記号と番号で表しなさい。また，そのときの3人の歩く道のりの合計は何mですか。

第４回　**実用数学技能検定**　過去問題

４級

１次：計算技能検定

［検定時間］
50 分

―――― 検定上の注意 ――――

1. 自分が受検する階級の問題用紙であるか確認(かくにん)してください。
2. 検定開始の合図があるまで問題用紙を開かないでください。
3. この表紙の右下の欄(らん)に，氏名・受検番号を書いてください。
4. 解答用紙の氏名・受検番号・生年月日の記入欄は，もれのないように書いてください。
5. 解答用紙には答えだけを書いてください。
6. 答えが分数になるとき，約分してもっとも簡単(かんたん)な分数にしてください。
7. 電卓(でんたく)・ものさし・コンパスを使用することはできません。
8. 携帯電話(けいたいでんわ)は電源(でんげん)を切り，検定中に使用しないでください。
9. 問題用紙に乱丁(らんちょう)・落丁(らくちょう)がありましたら検定監督官(けんていかんとくかん)に申し出てください。
10. 出題内容に関する事項(じこう)を当協会の許可なくインターネットなどの不特定多数が閲覧(えつらん)できるような所に掲載(けいさい)することを固く禁じます。
11. 検定終了後(けんていしゅうりょうご)，この問題用紙は解答用紙と一緒(いっしょ)に回収(かいしゅう)します。必ず検定監督官に提出してください。

※検定上の注意は，実際の検定問題用紙に書かれている内容をそのまま掲載しています。

氏　名		受検番号	―

公益財団法人　日本数学検定協会

〔４級〕　１次：計算技能検定

1 次の計算をしなさい。

(1) $\frac{27}{40}\times\frac{16}{45}$

(2) $\frac{21}{25}\div\frac{14}{15}$

(3) $\frac{9}{11}\div\frac{3}{4}\times1\frac{1}{32}$

(4) $2\frac{1}{4}\div\left(\frac{1}{2}-\frac{1}{3}\right)$

(5) $\frac{12}{49}\times2.8\div\frac{3}{5}$

(6) $\frac{5}{6}-1.2\times\frac{3}{8}$

(7) $5+(-11)-(-1)$

(8) $-2^3+(-4)^2$

(9) $7x-3-(9x-8)$

(10) $0.8(4x-5)-0.3(6x-11)$

(11) $3(3x-4y)-6(x+2y)$

(12) $\frac{5x+6y}{4}+\frac{2x-3y}{9}$

(13) $6x^2y\times3x^2y^2$

(14) $6xy^2\div(-8x^2y^3)\times4x^3y^2$

2　次の比をもっとも簡単(かんたん)な整数の比にしなさい。

(15)　$9:21$

(16)　$\frac{3}{8}:\frac{5}{12}$

3　$x=-3$ のとき，次の式の値(あたい)を求めなさい。

(17)　$-6x$

(18)　x^2

4　次の方程式を解きなさい。

(19)　$3x+8=7x-12$

(20)　$\frac{3}{4}x+1=\frac{1}{2}x-\frac{5}{2}$

5　次の連立方程式を解きなさい。

(21)　$\begin{cases} 3x-4y=-9 \\ 7x-5y=5 \end{cases}$

(22)　$\begin{cases} y=2x-10 \\ y=-4x+8 \end{cases}$

6　次の問いに答えなさい。

(23)　右の図は，点Oを対称の中心とする点対称な図形の一部です。この図形が点対称な図形になるように，もう1つの頂点の位置を決めます。頂点となる点はどれですか。ア～エの中から1つ選びなさい。

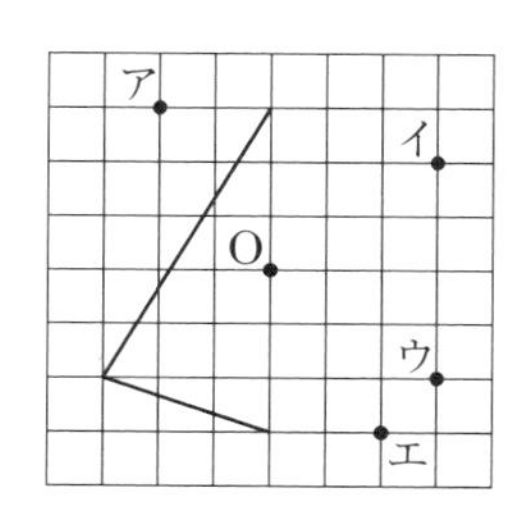

(24)　100円硬貨1枚と50円硬貨1枚を同時に投げるとき，表と裏の出方は全部で何通りありますか。

(25)　yはxに反比例し，$x=4$のとき$y=-8$です。$x=-2$のときのyの値を求めなさい。

(26)　下のデータについて，範囲を求めなさい。

3，3，4，5，6，8，9，10

(27)　等式$3x+4y-7=0$をxについて解きなさい。

(28)　1次関数$y=ax-7$のグラフが点$(-2,\ -1)$を通るとき，aの値を求めなさい。

(29)　正二十角形の1つの内角の大きさは何度ですか。

(30)　右の図で，$\ell /\!/ m$のとき，$\angle x$の大きさは何度ですか。

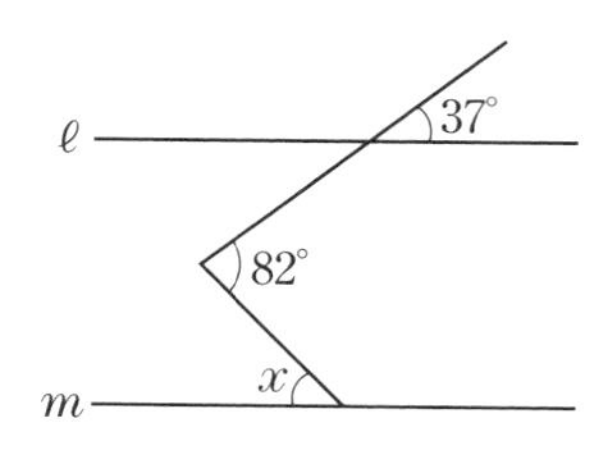

第4回 **実用数学技能検定** 過去問題

4級

2次：数理技能検定

［検定時間］
60分

——— 検定上の注意 ———

1．自分が受検する階級の問題用紙であるか確認(かくにん)してください。
2．検定開始の合図があるまで問題用紙を開かないでください。
3．この表紙の右下の欄(らん)に，氏名・受検番号を書いてください。
4．解答用紙の氏名・受検番号・生年月日の記入欄は，もれのないように書いてください。
5．解答用紙には答えだけを書いてください。答えと解き方が指示されている場合は，その指示にしたがってください。
6．答えが分数になるとき，約分してもっとも簡単(かんたん)な分数にしてください。
7．電卓(でんたく)を使用することができます。
8．携帯電話(けいたいでんわ)は電源(でんげん)を切り，検定中に使用しないでください。
9．問題用紙に乱丁(らんちょう)・落丁(らくちょう)がありましたら検定監督官(けんていかんとくかん)に申し出てください。
10．出題内容に関する事項(じこう)を当協会の許可なくインターネットなどの不特定多数が閲覧(えつらん)できるような所に掲載(けいさい)することを固く禁じます。
11．検定終了後(けんていしゅうりょうご)，この問題用紙は解答用紙と一緒(いっしょ)に回収(かいしゅう)します。必ず検定監督官に提出してください。

※検定上の注意は，実際の検定問題用紙に書かれている内容をそのまま掲載しています。

氏　名		受検番号	—

公益財団法人 日本数学検定協会

〔４級〕　２次：数理技能検定

1　A，B，C の３つの花壇(かだん)があります。A の花壇の面積が $3\frac{3}{4}$m^2 のとき，次の問いに答えなさい。

(1)　B の花壇の面積は A の花壇の面積の $\frac{2}{5}$ 倍です。B の花壇の面積は何 m^2 ですか。単位をつけて答えなさい。

(2)　C の花壇の面積は $3\frac{3}{8}$m^2 です。C の花壇の面積は A の花壇の面積の何倍ですか。

2　実際の距離(きょり) 100m を 2 cm に縮(ちぢ)めて表した地図があります。次の問いに答えなさい。

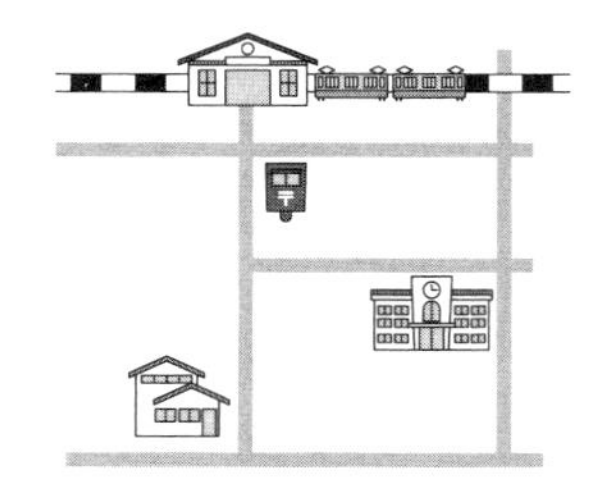

(3)　この地図は何分の一の縮図(しゅくず)ですか。分数で答えなさい。

(4)　この地図上で，けんたさんの家から駅までの長さは 9 cm です。けんたさんの家から駅までの実際の距離は何 m ですか。単位をつけて答えなさい。

3　ある中学校の生徒の人数は，1年生が96人，2年生が108人，3年生が119人です。次の問いに答えなさい。

(5)　1年生と2年生の人数の比を，もっとも簡単(かんたん)な整数の比で表しなさい。

(6)　3年生の男子と女子の人数の比は3：4です。3年生の女子は何人ですか。

4　のりこさんは，1本120円のボールペンと1本140円のマーカーペンを合わせて15本買いました。買ったボールペンの本数を x 本とするとき，次の問いに答えなさい。ただし，消費税は値段(ねだん)に含(ふく)まれているので，考える必要はありません。

(7)　ボールペンの代金は何円ですか。x を用いて表しなさい。（表現技能）

(8)　買ったマーカーペンの本数は何本ですか。x を用いて表しなさい。
（表現技能）

(9)　代金が1920円のとき，ボールペンとマーカーペンをそれぞれ何本買いましたか。

5

右の図のような，底面の円の半径が7 cm，高さが9 cm の円錐（えんすい）があります。次の問いに単位をつけて答えなさい。ただし，円周率はπとします。（測定技能）

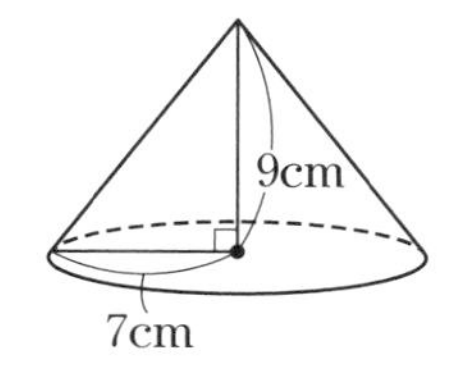

(10)　底面積は何 cm^2 ですか。

(11)　体積は何 cm^3 ですか。

6

右の図のような，底辺がa cm，高さがh cm である三角形Aがあります。三角形Aの底辺の長さを5倍にし，高さを2倍にした三角形Bをつくるとき，次の問いに答えなさい。

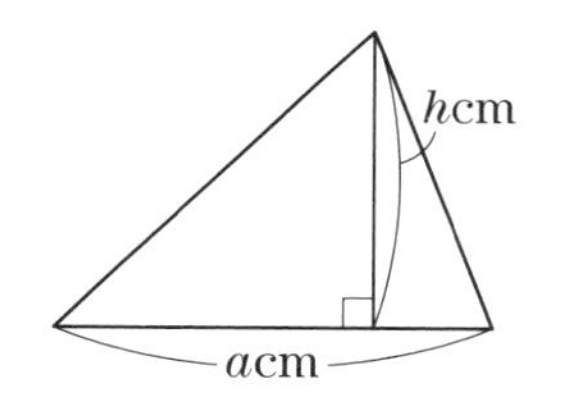

(12)　三角形Bの面積は何 cm^2 ですか。a，hを用いて表しなさい。（表現技能）

(13)　三角形Bの面積は三角形Aの面積の何倍ですか。a，hを用いた式をつくり，それを計算して求めなさい。この問題は，計算の途中（とちゅう）の式と答えを書きなさい。

7　方程式 $x+2y=6$ のグラフは直線です。次の問いに答えなさい。

(14)　このグラフの傾き（かたむ）と切片（せっぺん）をそれぞれ求めなさい。

(15)　解答用紙に，この直線をものさしを使ってかきなさい。　（表現技能）

8　箱の中に，[1]，[2]，[3]，[4]の4枚(まい)のカードが入っています。この箱の中からカードを取り出すとき，次の問いに答えなさい。

(16)　カードを2枚同時に取り出すとき，取り出したカードに書いてある数が奇数(きすう)と偶数(ぐうすう)である確率を求めなさい。

(17)　カードを2枚続けて取り出し，取り出した順に左から並(なら)べて2けたの整数をつくるとき，その整数の一の位が2である確率を求めなさい。

(18)　カードを3枚続けて取り出し，取り出した順に左から並べて3けたの整数をつくるとき，その整数が320以上である確率を求めなさい。

9　次の問いに答えなさい。　(整理技能)

⑲　正の整数 a, b, c について

$$a+b+c=8$$

を成り立たせる a, b, c の値の組のうち，積 $a\times b\times c$ がもっとも大きくなるものを求めなさい。ただし，a, b, c に同じ数があってもかまいません。答えは何通りかありますが，そのうちの１つを答えなさい。

⑳　正の整数 d, e, f, g について

$$d+e+f+g=10$$

を成り立たせる d, e, f, g の値の組のうち，積 $d\times e\times f\times g$ がもっとも大きくなるものを求めなさい。ただし，d, e, f, g に同じ数があってもかまいません。答えは何通りかありますが，そのうちの１つを答えなさい。

◆監修者紹介◆

公益財団法人 日本数学検定協会

公益財団法人日本数学検定協会は，全国レベルの実力・絶対評価システムである実用数学技能検定を実施する団体です。

第1回を実施した1992年には5,500人だった受検者数は2006年以降は年間30万人を超え，数学検定を実施する学校や教育機関も18,000団体を突破しました。

数学検定2級以上を取得すると文部科学省が実施する「高等学校卒業程度認定試験」の「数学」科目が試験免除されます。このほか，大学入学試験での優遇措置や高等学校等の単位認定等に組み入れる学校が増加しています。また，日本国内はもちろん，フィリピン，カンボジア，タイなどでも実施され，海外でも高い評価を得ています。

いまや数学検定は，数学・算数に関する検定のスタンダードとして，進学・就職に必須の検定となっています。

◆デザイン：星 光信（Xin-Design）
◆編集協力：（有）アズ
◆イラスト：une corn ウネハラ ユウジ
◆ DTP：（株）明昌堂
データ管理コード：22-2031-3612（2022）

この本は，下記のように環境に配慮して製作しました。
・製版フィルムを使用しない CTP 方式で印刷しました。
・環境に配慮した紙を使用しています。

Gakken

公益財団法人 日本数学検定協会 監修

受かる! 数学検定［過去問題集］

解答と解説

改訂版 4級

（本冊と軽くのりづけされていますので
はずしてお使いください。）

第1回　◇4級1次（計算技能検定）◇　解答　【p.11〜14】

		解答	参照
1	(1)	$\frac{1}{15}$	1章 1
	(2)	$\frac{20}{9}$	
	(3)	$\frac{5}{2}$	
	(4)	$\frac{1}{2}$	
	(5)	$\frac{1}{24}$	
	(6)	$\frac{23}{24}$	
	(7)	12	1章 2
	(8)	174	
	(9)	$2x-6$	1章 3
	(10)	$11.4x-3.6$	
	(11)	$-18x+28y$	
	(12)	$\frac{4x+7y}{6}$	
	(13)	$9x$	
	(14)	$8x^2y$	
2	(15)	7 ： 6	1章 2
	(16)	20 ： 21	

		解答	参照
3	(17)	-25	1章
	(18)	58	
4	(19)	$x=-3$	1章
	(20)	$x=2$	
5	(21)	$x=10$, $y=8$	1章
	(22)	$x=2$, $y=-1$	
6	(23)	ア	1章
	(24)	3 通り	1章
	(25)	$y=-3x$	1章
	(26)	10 点	1章
	(27)	$b=\frac{5a+8}{3}$	1章
	(28)	$b=-2$	1章
	(29)	150 度	1章
	(30)	$\angle x=73$ 度	

◇◆◇4級1次（計算技能検定）◇◆◇ 解説 ◇◆◇

1 (1) 分母どうし，分子どうしをかける。**計算の途中で約分する。**

$$\frac{5}{12}\times\frac{4}{25}=\frac{\overset{1}{\cancel{5}}\times\overset{1}{\cancel{4}}}{\underset{3}{\cancel{12}}\times\underset{5}{\cancel{25}}}=\frac{1}{15}$$

(2) **分数の除法は，**乗法**に直して計算する。**

$$\frac{35}{36}\div\frac{7}{16}$$
$$=\frac{35}{36}\times\frac{16}{7}$$
$$=\frac{20}{9}$$

除法→乗法

(3) 帯分数は仮分数に直し，**乗除の混じった計算は，**乗法だけの式**に直して計算する。**

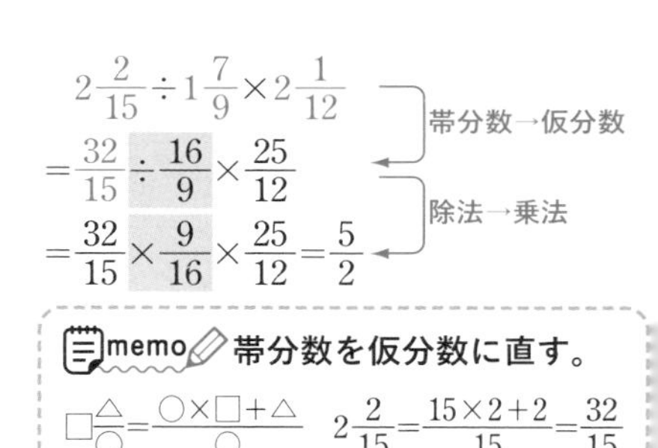

$$2\frac{2}{15}\div1\frac{7}{9}\times2\frac{1}{12}$$
$$=\frac{32}{15}\div\frac{16}{9}\times\frac{25}{12}$$
$$=\frac{32}{15}\times\frac{9}{16}\times\frac{25}{12}=\frac{5}{2}$$

memo 帯分数を仮分数に直す。

$$□\frac{△}{○}=\frac{○\times□+△}{○}\qquad 2\frac{2}{15}=\frac{15\times2+2}{15}=\frac{32}{15}$$

(4) （　）の中→除法の順に計算する。

$$1\frac{1}{5}\times\left(\frac{7}{15}-\frac{1}{20}\right)=1\frac{1}{5}\times\left(\frac{28}{60}-\frac{3}{60}\right)$$
$$=1\frac{1}{5}\times\frac{25}{60}=\frac{6}{5}\times\frac{5}{12}=\frac{1}{2}$$

(5)　**小数は分数に直して計算する。**

$\frac{2}{9}\times0.15\div0.8$

$=\frac{2}{9}\times\frac{15}{100}\div\frac{8}{10}$　（小数→分数）

$=\frac{2}{9}\times\frac{15}{100}\times\frac{10}{8}=\frac{1}{24}$

(6)　**乗法・除法→減法の順に計算する。**

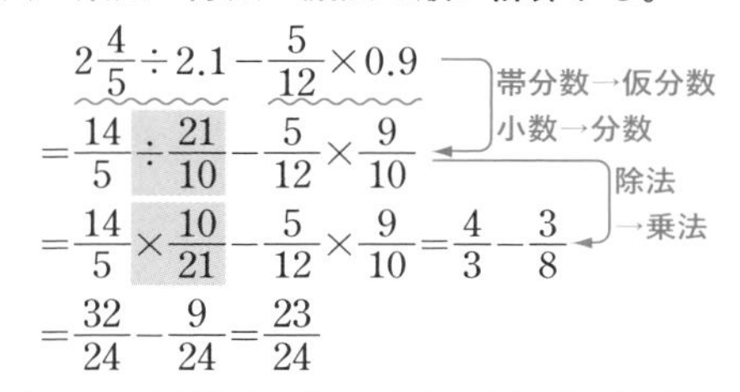

$2\frac{4}{5}\div2.1-\frac{5}{12}\times0.9$

$=\frac{14}{5}\div\frac{21}{10}-\frac{5}{12}\times\frac{9}{10}$

$=\frac{14}{5}\times\frac{10}{21}-\frac{5}{12}\times\frac{9}{10}=\frac{4}{3}-\frac{3}{8}$

$=\frac{32}{24}-\frac{9}{24}=\frac{23}{24}$

(7)　**ひく数の符号を変えて加法に直して計算する。**

$-9-(-16)+(+5)$

$=-9+16+5=7+5=12$

(8)　**累乗→加法の順に計算する。**

$(-7)^2=(-7)\times(-7)=49$

$-5^3=-(5\times5\times5)=-125$

だから，

$(-7)^2-(-5^3)=49-(-125)$

$=49+125=174$

(9)　**かっこをはずして，文字の項どうし，数の項どうしでまとめる。**

$7x-2-(5x+4)$

$=7x-2-5x-4$　（同類項をまとめる）

$=2x-6$

(10)　**分配法則を使ってかっこをはずし，文字の項どうし，数の項どうしでまとめる。**

$0.6(x+4)+1.2(9x-5)$

$=0.6\times x+0.6\times4+1.2\times9x+1.2\times(-5)$

$=0.6x+2.4+10.8x-6=11.4x-3.6$

(11)　$4(-5x+9y)+2(x-4y)$

$=4\times(-5x)+4\times9y+2\times x+2\times(-4y)$

$=-20x+36y+2x-8y=-18x+28y$

(12)　分母の2と3の最小公倍数6で通分し，分子に(　)をつけると，ミスが防げる。

$\frac{2x+5y}{2}+\frac{-x-4y}{3}$

$=\frac{3(2x+5y)}{6}+\frac{2(-x-4y)}{6}$　（通分）

$=\frac{3(2x+5y)+2(-x-4y)}{6}$

$=\frac{6x+15y-2x-8y}{6}=\frac{4x+7y}{6}$

(13)　**除法を分数で表す。**

$27x^3y\div3x^2y$

$=\frac{27x^3y}{3x^2y}$　（分数で表す）

$=\frac{27\times x\times x\times x\times y}{3\times x\times x\times y}$　（約分）

$=9x$

(14)　$52x^2y^2\div13xy^3\times2xy^2$

$=\frac{52x^2y^2\times2xy^2}{13xy^3}$　（分数で表す）

$=8x^2y$　（約分）

②　**$a:b$ の比で a と b の両方に同じ数をかけても，同じ数でわっても比は変わらないことを利用する。**

(15)　14と12の最大公約数2でわる。

$14:12=(14\div2):(12\div2)=7:6$

(16)　分母の6と8の最小公倍数24をかけて，分数を整数に直す。

$\frac{5}{6}:\frac{7}{8}=\left(\frac{5}{6}\times24\right):\left(\frac{7}{8}\times24\right)=20:21$

③　**負の数は(　)をつけて代入する。もとの式を，×の記号を使った式に直してから代入すると，ミスが防げる。**

(17)　$8x+7=8\times x+7$

$=8\times(-4)+7=-32+7=-25$

(18)　$4x^2-6=4\times x^2-6$

$=4\times(-4)^2-6=4\times16-6=64-6=58$

④　**文字の項を左辺に，数の項を右辺に移項して整理し，両辺を x の係数でわる。**

(19)　$3x+10=6x+19$

$3x-6x=19-10$　（移項）

$-3x=9$

$x=-3$

(20) **係数が分数の方程式は，分母の最小公倍数を両辺にかけて，係数を整数にする。**

両辺に分母の 4，2 の最小公倍数 4 をかけると，

$$\left(\frac{3}{4}x+\frac{7}{2}\right)\times4=(2x+1)\times4$$

$$\frac{3}{4}x\times4+\frac{7}{2}\times4=2x\times4+1\times4$$

$$3x+14=8x+4$$

$$3x-8x=4-14$$

$$-5x=-10$$

$$x=2$$

5 (21) x の係数をそろえて，加減法で解く。

（上の式）×3　　$9x-12y=-6$

（下の式）　　$-)\ 9x-10y=10$

$$-2y=-16$$

$$y=8$$

$y=8$ を上の式に代入して，

$$3x-32=-2$$

$$3x=30$$

$$x=10$$

(22) $y=\sim$ の式があるので，代入法で解く。

下の式を上の式に代入して，

$$3x+(-2x+3)=5$$

$$3x-2x+3=5$$

$$x=2$$

$x=2$ を下の式に代入して，

$$y=-2\times2+3=-1$$

6 (23) 下の図のように，EH＝3BG，DH＝3AG となる点 D の位置はアである。

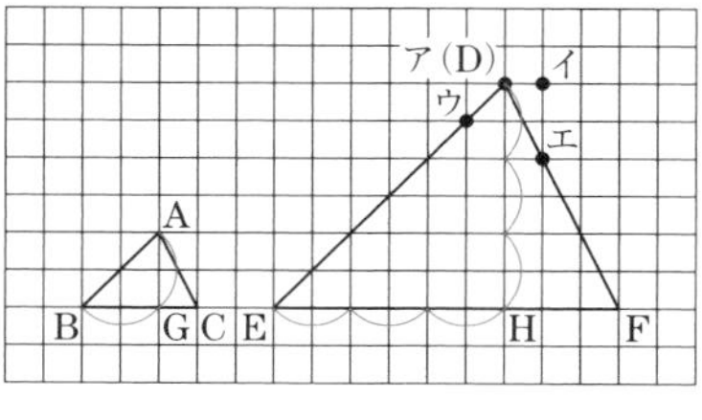

(24) 樹形図などを使って場合の数を求める。

樹形図をかくと次のようになる。

したがって，3 通り。

(25) **y が x に比例するならば，式は $y=ax$ と表せる。**

$y=ax$ に $x=3$，$y=-9$ を代入すると，

$-9=a\times3$

$a=-3$

よって，式は，$y=-3x$

(26) 1 つの階級が 40 点以上 50 点未満であるから，階級の幅は

$50-40=10$（点）

(27) b をふくむ項を左辺に，その他の項を右辺に移項する。

$5a=3b-8$

$3b-8=5a$　← 左辺と右辺を入れかえる

$3b=5a+8$　← -8 を移項

$b=\frac{5a+8}{3}$　← 両辺を 3 でわる

(28) グラフが通る点の x，y の値を 1 次関数の式に代入して，

$0=\frac{1}{3}\times6+b$

$b=-2$

(29) **正 n 角形の 1 つの内角の大きさは，**

$\frac{180°\times(n-2)}{n}$　$n=12$ を代入して，

$$\frac{180°\times(12-2)}{12}=\frac{180°\times10}{12}=150°$$

(30) $\ell\parallel m$ で，錯角は等しいから，

$\angle a=57°$

よって，

$\angle x=180°-(57°+50°)=73°$

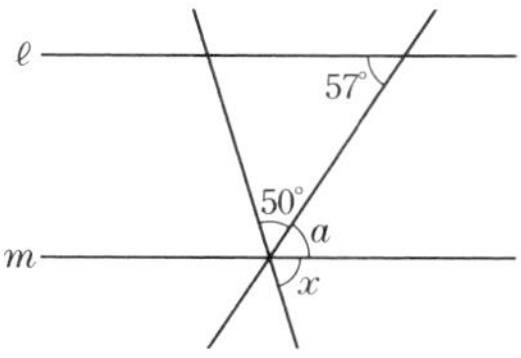

第1回　◇4級2次(数理技能検定)◇

解答　【p.15～20】

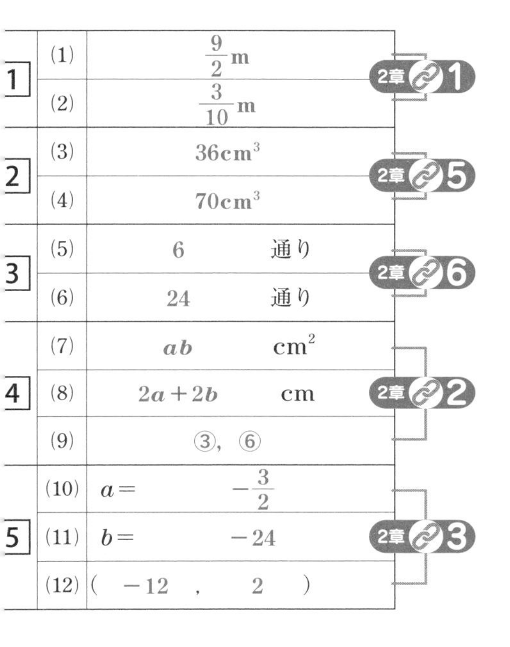

1	(1)	$\frac{9}{2}$ m	2章 1
	(2)	$\frac{3}{10}$ m	
2	(3)	36cm^3	2章 5
	(4)	70cm^3	
3	(5)	6　通り	2章 6
	(6)	24　通り	
4	(7)	ab　cm^2	2章 2
	(8)	$2a+2b$　cm	
	(9)	③，⑥	
5	(10)	$a=-\frac{3}{2}$	2章 3
	(11)	$b=-24$	
	(12)	$(-12, 2)$	

6	(13)	$340x+320y=3340$	2章 2
	(14)	$\begin{cases}340x+320y=3340 & \cdots① \\ x+y=10 & \cdots②\end{cases}$ ①÷20－②×16より $17x+16y=167$ $-)\ 16x+16y=160$ $x=7$ $x=7$を②に代入して $7+y=10$ $y=3$ ショートケーキ　チーズケーキ (答え)　7　個，　3　個	
7	(15)	$y=-6x+180$	2章 3
	(16)	$y=-6x+180$に$y=30$を代入すると $30=-6x+180$ $6x=180-30$ $6x=150$ $x=25$ (答え)　25　分後	
8	(17)	①，⑤，⑥	2章 4
	(18)	③	
9	(19)	①，④，⑤	2章 7
	(20)	B，C	

◇◆◇4級2次(数理技能検定)◇◆◇　解説　◇◆◇

1 (1)　(比べる量)
=(もとにする量)×(割合)
だから，
(白いリボンの長さ)
=(赤いリボンの長さ)×$\frac{5}{6}$より，

$$5\frac{2}{5}\times\frac{5}{6}=\frac{27}{5}\times\frac{5}{6}=\frac{9}{2}\text{(m)}$$

帯分数を仮分数に直す

$$5\frac{2}{5}=\frac{5\times5+2}{5}=\frac{27}{5}$$

ミス注意!!　もとにする量△と比べる量■を正しく読み取る。

■は△の$\frac{5}{6}$倍→■=△×$\frac{5}{6}$

比べる量（■）　もとにする量（△）

(2)　18等分だから，赤いリボンの長さ$5\frac{2}{5}$mを18でわったものが1本の長さとなる。よって，

$$5\frac{2}{5}\div18=\frac{27}{5}\times\frac{1}{18}=\frac{3}{10}\text{(m)}$$

わる数の逆数をかける

2 （角柱の体積）＝（底面積）×（高さ）**を使って求める。**

(3) 底面は，底辺が6cm，高さが3cm の三角形だから，底面積は

$\frac{1}{2}\times6\times3=9(\text{cm}^2)$

よって，体積は $9\times4=36(\text{cm}^3)$

(4) 底面は，対角線の長さが4cm と7cm のひし形だから，底面積は

$4\times7\times\frac{1}{2}=14(\text{cm}^2)$

よって，体積は $14\times5=70(\text{cm}^3)$

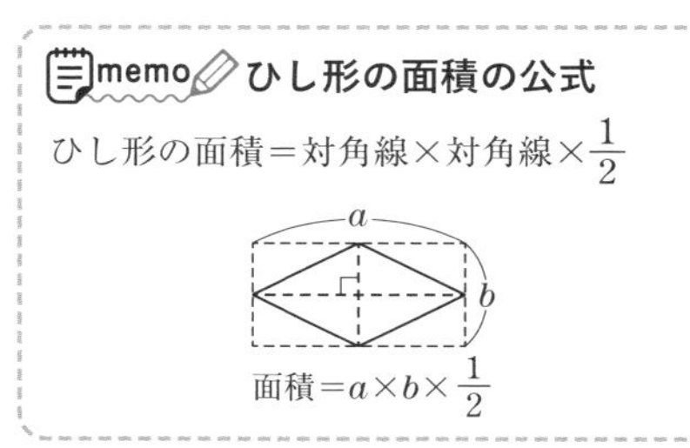

memo ひし形の面積の公式
ひし形の面積＝対角線×対角線×$\frac{1}{2}$
a
b
面積＝$a\times b\times\frac{1}{2}$

3 樹形図**を使って，場合の数を求める。**

(5) A を赤でぬるときのぬり方を樹形図にすると，次のようになる。

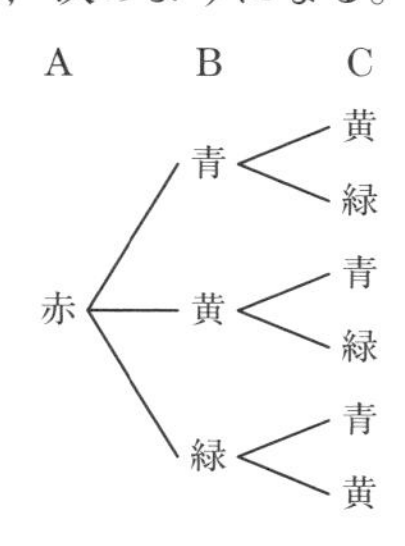

よって，6通り。

(6) A の部分のぬり方は，赤，青，黄，緑の4通りあり，それぞれについて残りのB，C の部分のぬり方が6通りあるから，ぬり方は全部で，$4\times6=24$（通り）

4 (7) 長方形の面積＝縦×横

より，$a\times b=ab(\text{cm}^2)$

「かける」の記号 × は省略する

(8) 長方形の周の長さ

＝（縦＋横）×2

より，$(a+b)\times2=2a+2b(\text{cm})$

(9) 不等号の向きに注意する。

㊅＞㊀ 不等号は大きい方に開いている

「縦は横より長い」→ 縦＞横

よって，$a>b$ ……③

「縦は横より長い」→「縦－横は0より大きい」→縦－横＞0

$a-b>0$ ……⑥

5 (10) $y=ax$ にグラフ上の点A の x，y 座標の値を代入して a の値を求める。

$x=-4$，$y=6$ を代入して，

$6=a\times(-4)$，$a=-\frac{3}{2}$

(11) $y=\frac{b}{x}$ にグラフ上の点A の x，y 座標の値を代入して b の値を求める。

$x=-4$，$y=6$ を代入して，

$6=\frac{b}{-4}$

$b=-24$

memo **グラフ上の点の座標から，グラフの式を求めることができる。**

比例，反比例の比例定数は，グラフの式にグラフが通る点の座標を代入して求めることができる。

比例，反比例のグラフの式は，グラフが通る1点の座標がわかれば求めることができる。

(12) (11)より，$b=-24$ だから，式は，

$y=-\frac{24}{x}$

よって，$y=-\frac{24}{x}$ に $x=-12$ を代入して，$y=-\frac{24}{-12}=2$

したがって，点B の座標は，

$(-12,\ 2)$

6 (13) **(代金)＝(単価)×(個数)より，方程式をつくる。**

1個340円のショートケーキx個の代金は，$340\times x=340x$(円)

1個320円のチーズケーキy個の代金は，$320\times y=320y$(円)

代金の合計が3340円だから，方程式は，$340x+320y=3340$ ……①

(14) ショートケーキとチーズケーキを合わせて10個買ったから，個数の関係を式にすると，$x+y=10$ ……②

①，②を連立方程式として解く。

memo 個数や人数は整数である。

個数や人数を求める場合，方程式を解いて，解が小数や分数になったら，どこかにまちがいがあるので，もう一度考え直す。

なお，方程式の応用問題では，解が問題に合っているかどうかを，必ず確認する。

7 (15) 下の表より，水槽から，1分ごとに6Lずつ水が減っている。

x	0	1	2	3	4	…
y	180	174	168	162	156	…

−6　−6　−6　−6

x分間水を排出したときの排出された水の量は，

$6\times x=6x$(L)

したがって，x分後の水槽の中の水の量はyL，最初に入っていた水の量は180Lだから，$y=180-6x$

[別解]求める式を$y=ax+b$とおく。

$y=ax+b$に$x=0$，$y=180$を代入して，

$180=a\times 0+b$

$b=180$ ……①

$y=ax+b$に$x=1$，$y=174$を代入して，

$174=a\times 1+b$

$a+b=174$ ……②

②に①を代入して，

$a+180=174$

$a=-6$

よって，求める式は

$y=-6x+180$

(16) (15)で求めた式に$y=30$を代入して求める。

8 (17) △AGDと△CFEにおいて，

仮定より，

AD＝CE

GD∥BFより，

同位角は等しいから，

∠GDA＝∠BEA ……①

また，対頂角は等しいから，

∠BEA＝∠FEC ……②

①，②より∠GDA＝∠FEC

AB∥FCより，平行線の錯角は等しいから，∠DAG＝∠ECF

(18) (17)より，△AGDと△CFEにおいて，1組の辺とその両端の角がそれぞれ等しいことがいえる。

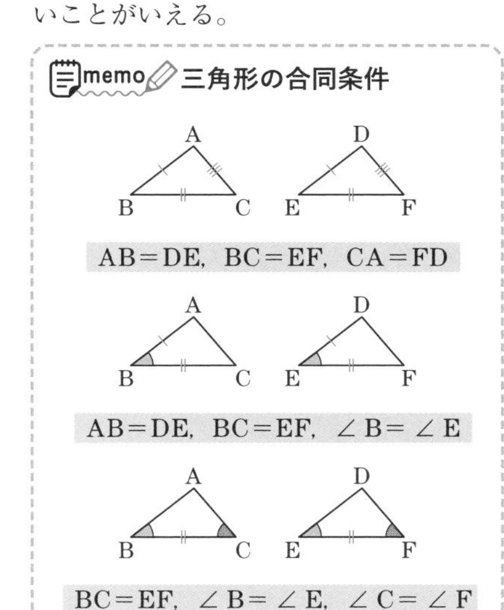

memo 三角形の合同条件
A
B
C
D
E
F
AB＝DE，BC＝EF，CA＝FD
AB＝DE，BC＝EF，∠B＝∠E
BC＝EF，∠B＝∠E，∠C＝∠F

9 ⒆ 花粉が使える品種は，自身の花粉で自身の実をならせることはできないため，花粉が使える他の品種を一緒に栽培する必要がある。

つまり，花粉が使える品種を2つ以上一緒に栽培すれば，栽培したすべての品種で実がなることになる。

花粉が使える品種を○で囲み，その花粉で別の品種の実がなることを→で表すと，

① Ⓑ，Ⓔ

Ⓑ ⇄ Ⓔ

花粉が使える品種が2つあるので，すべての品種で実がなる。

② Ⓓ，G

Ⓓ ——→ G

Dの花粉でGの実はなるが，Dの実はならない。

③ F，H

花粉が使える品種がないので，すべての品種で実がならない。

④ Ⓐ，Ⓓ，H

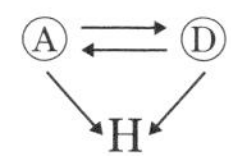

花粉が使える品種が2つあるので，すべての品種で実がなる。

⑤ Ⓑ，Ⓓ，Ⓔ

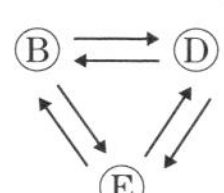

花粉が使える品種が3つあるので，すべての品種で実がなる。

⑥ Ⓑ，F，G

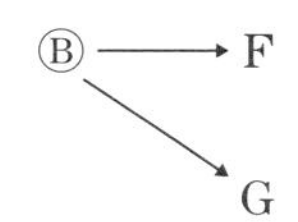

Bの花粉でFとGの実はなるが，Bの実はならない。

よって，すべての品種で実がなる組み合わせは，花粉が使える品種が2つ以上ある①，④，⑤である。

⒇ 9月下旬から10月中旬までの間に収穫できる品種は，次の図のB，C，F，G，H。このうち，F，Gを栽培することは決まっている。

品種	花粉が使える	9月	10月	
		下旬	上旬	中旬
B	○		▒	
C	○			▒
F	×	■		
G	×			■
H	×			▒

FとGの組み合わせでは，

① FもGも花粉が使えない品種だから，FもGも実がならない。

→花粉が使える品種を少なくとも2つ栽培する必要がある。

② Fの収穫時期は9月下旬，Gの収穫時期は10月中旬だから，10月上旬は収穫できない。

→10月上旬に収穫できる品種を栽培する必要がある。

よって，栽培する品種は，花粉が使えて10月上旬に栽培できるBと，Bの実がなるために花粉が使える品種がもう1つ必要であるから，花粉が使えるCである。

memo Bだけではダメ

収穫時期だけで判断してはいけない。選んだ品種が，花粉が使えるか使えないかを確認し，すべての品種に実がなるかを確認する。

「栽培する品種の数をできるだけ少なくする」とあるので，もし，FとGのいずれか1つでも花粉が使える品種であれば，Bだけでよいことになる。

第2回　◇4級1次(計算技能検定)◇　解答　【p.21〜24】

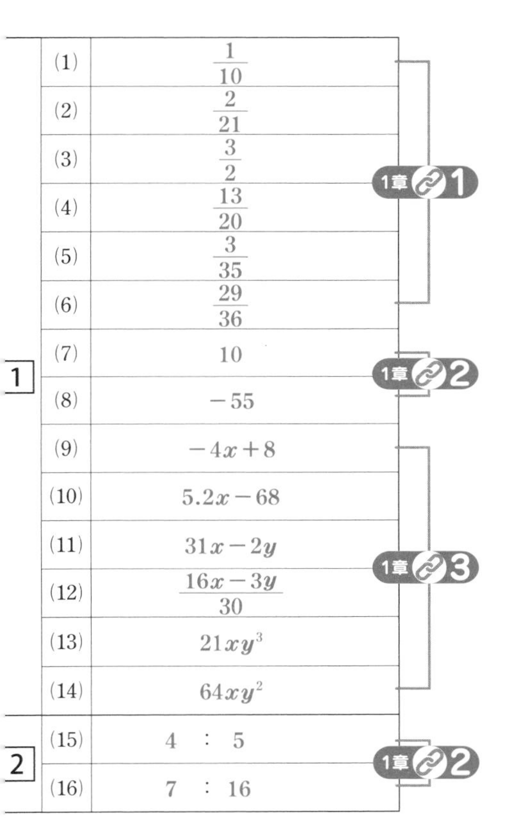

		解答	
1	(1)	$\frac{1}{10}$	1章 1
	(2)	$\frac{2}{21}$	
	(3)	$\frac{3}{2}$	
	(4)	$\frac{13}{20}$	
	(5)	$\frac{3}{35}$	
	(6)	$\frac{29}{36}$	
	(7)	10	1章 2
	(8)	-55	
	(9)	$-4x+8$	1章 3
	(10)	$5.2x-68$	
	(11)	$31x-2y$	
	(12)	$\frac{16x-3y}{30}$	
	(13)	$21xy^3$	
	(14)	$64xy^2$	
2	(15)	$4 : 5$	1章 2
	(16)	$7 : 16$	

		解答	
3	(17)	-1	1章 4
	(18)	-28	
4	(19)	$x=-14$	1章 4
	(20)	$x=2$	
5	(21)	$x=5$, $y=-2$	1章 5
	(22)	$x=-2$, $y=-4$	
6	(23)	エ	1章 7
	(24)	3	1章 8
	(25)	$y=-3x$	1章 6
	(26)	3 m	1章 8
	(27)	$y=\frac{9x+8}{2}$	1章 4
	(28)	$a=-5$	1章 6
	(29)	135 度	1章 7
	(30)	$\angle x=68$ 度	

◇◆◇4級1次(計算技能検定)◇◆◇ 解説 ◇◆◇

1 (1) 分母どうし，分子どうしをかける。**計算の途中で約分する。**

$$\frac{3}{8}\times\frac{4}{15}=\frac{\overset{1}{\cancel{3}}\times\overset{1}{\cancel{4}}}{\underset{2}{\cancel{8}}\times\underset{5}{\cancel{15}}}=\frac{1}{10}$$

(2) 帯分数は仮分数に直し，除法は乗法に直して**計算する。**

$$\frac{7}{12}\div6\frac{1}{8}$$

$$=\frac{7}{12}\div\frac{49}{8}$$　帯分数→仮分数

$$=\frac{7}{12}\times\frac{8}{49}=\frac{2}{21}$$　除法→乗法

(3) $\frac{9}{16}\times1\frac{2}{3}\div\frac{5}{8}=\frac{9}{16}\times\frac{5}{3}\times\frac{8}{5}$

$$=\frac{9\times5\times8}{16\times3\times5}=\frac{3}{2}$$

(4) 除法→減法**の順に計算する。**

$$6\frac{1}{4}-3\frac{1}{5}\div\frac{4}{7}=\frac{25}{4}-\frac{16}{5}\times\frac{7}{4}$$

$$=\frac{25}{4}-\frac{28}{5}=\frac{125}{20}-\frac{112}{20}=\frac{13}{20}$$

(5) 帯分数は仮分数に直し，小数は分数に直して**計算する。**

$$\frac{8}{15}\div4\frac{2}{3}\times0.75=\frac{8}{15}\div\frac{14}{3}\times\frac{75}{100}$$

$$=\frac{8}{15}\times\frac{3}{14}\times\frac{3}{4}=\frac{3}{35}$$

(6) $0.25+\frac{5}{6}\times\frac{2}{3}=\frac{25}{100}+\frac{5}{9}=\frac{1}{4}+\frac{5}{9}$

$=\frac{9}{36}+\frac{20}{36}=\frac{29}{36}$

(7) **ひく数の符号を変えて加法に直して計算する。**

$15-(-2)-7$

$=15+2-7=17-7=10$

(8) **累乗→加法の順に計算する。**

$(-4)^3=(-4)\times(-4)\times(-4)=-64$

$(-3)^2=(-3)\times(-3)=9$

だから，

$(-4)^3+(-3)^2=-64+9=-55$

(9) **かっこをはずして，文字の項どうし，数の項どうしでまとめる。**

$3x+2-(7x-6)$

$=3x+2-7x+6$ ］同類項をまとめる

$=-4x+8$

(10) **分配法則を使ってかっこをはずし，文字の項どうし，数の項どうしでまとめる。**

$10(0.8x-6)-4(0.7x+2)$

$=10\times0.8x+10\times(-6)-4\times0.7x-4\times2$

$=8x-60-2.8x-8=5.2x-68$

(11) $3(7x+4y)+2(5x-7y)$

$=3\times7x+3\times4y+2\times5x+2\times(-7y)$

$=21x+12y+10x-14y$

$=31x-2y$

(12) 分母の6と5の最小公倍数30で通分し，分子に(　)をつけると，ミスが防げる。

$\frac{8x-9y}{6}-\frac{4x-7y}{5}$ ］通分

$=\frac{5(8x-9y)}{30}-\frac{6(4x-7y)}{30}$

$=\frac{5(8x-9y)-6(4x-7y)}{30}$

$=\frac{40x-45y-24x+42y}{30}=\frac{16x-3y}{30}$

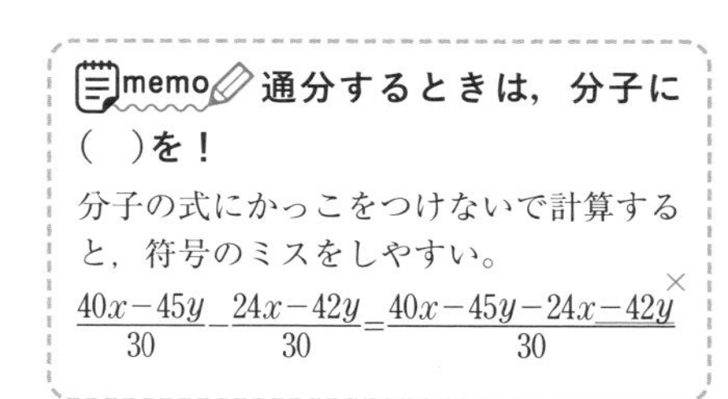

memo 通分するときは，分子に(　)を！
分子の式にかっこをつけないで計算すると，符号のミスをしやすい。
$\frac{40x-45y}{30}-\frac{24x-42y}{30}=\frac{40x-45y-24x-42y}{30}$ ×

(13) **除法を分数で表す。**

$63x^3y^4\div3x^2y$ ］分数で表す

$=\frac{63x^3y^4}{3x^2y}$

$=\frac{\overset{21}{63}\times x\times x\times x\times y\times y\times y\times y}{\underset{1}{3}\times x\times x\times y}$ ］約分

$=21xy^3$

(14) $56xy^4\div7x^2y^3\times8x^2y$ ］分数で表す

$=\frac{56xy^4\times8x^2y}{7x^2y^3}$ ］約分

$=64xy^2$

2 **$a:b$ の比で a と b の両方に同じ数をかけても，同じ数でわっても比は変わらないことを利用する。**

(15) 64と80の最大公約数16でわる。

$64:80=(64\div16):(80\div16)$

$=4:5$

(16) 分母の8と7の最小公倍数56をかけて，分数を整数に直す。

$\frac{3}{8}:\frac{6}{7}=\left(\frac{3}{8}\times56\right):\left(\frac{6}{7}\times56\right)$

$=21:48=7:16$

3 (17) **負の数は(　)をつけて代入する。もとの式を，× の記号を使った式に直してから代入すると，ミスが防げる。**

$-3x-7=-3\times(-2)-7=-1$

(18) $\frac{56}{x}=\frac{56}{-2}=-28$

4 **文字の項を左辺に，数の項を右辺に移項して整理し，両辺を x の係数でわる。**

(19) $8x+10=9x+24$ ］移項

$8x-9x=24-10$

$-x=14,\ x=-14$

(20) **分数の方程式は，分母の最小公倍数を両辺にかけて係数を整数にする。**

両辺に分母の4，6の最小公倍数12をかけると，

$$\frac{-3x+2}{4}\times 12=\frac{5x-16}{6}\times 12$$

$3(-3x+2)=2(5x-16)$

$-9x+6=10x-32$

$-19x=-38,\ x=2$

5 (21) y の係数の絶対値をそろえて，加減法で解く。

(上の式) $x+4y=-3$

(下の式)×2 $+)\ 6x-4y=38$

$7x=35$

$x=5$

$x=5$ を上の式に代入して，

$5+4y=-3,\ 4y=-8,\ y=-2$

(22) 上の式を下の式に代入して，

$-5x+2(4x+4)=2$

$-5x+8x+8=2$

$3x=-6,\ x=-2$

$x=-2$ を上の式に代入して，

$y=4\times(-2)+4=-4$

6 (23) 右の図のように，CH＝DHとなる点Dの位置はエ。

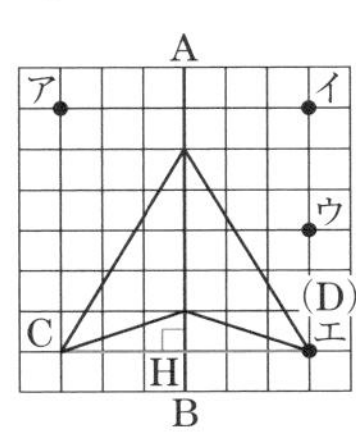

(24) 樹形図は，右のようになる。

よって，アにあてはまる数は，3である。

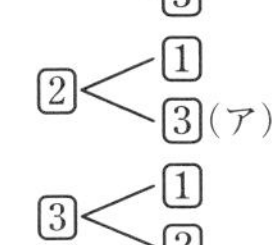

(25) **y が x に比例するならば，式は $y=ax$ と表せる。**

$y=ax$ に $x=-5, y=15$ を代入すると，

$15=a\times(-5),\ -5a=15,\ a=-3$

よって，式は，$y=-3x$

(26) 1つの階級が7m以上10m未満であるから，階級の幅は

$10-7=3$(m)

(27) y 以外の項を右辺に移項して，変形する。

$9x-2y+8=0$

$-2y=-9x-8$ ← x の項と数の項を移項

$y=\frac{-9x-8}{-2}$ ← 両辺を -2 でわる

$y=\frac{9x+8}{2}$

(28) グラフが通る点の x，y の値を1次関数の式に代入して，

$-18=2\times a-8$

$2a=-10$

$a=-5$

(29) **正 n 角形の1つの内角の大きさは，**

$\frac{180°\times(n-2)}{n}$ $n=8$ を代入して，

$$\frac{180°\times(8-2)}{8}=\frac{180°\times 6}{8}=135°$$

(30) ℓ，m に平行な補助線をひき，平行線の錯角，同位角は等しいことを利用する。

右の図のように，直線 ℓ，m に平行な直線 p をひく。

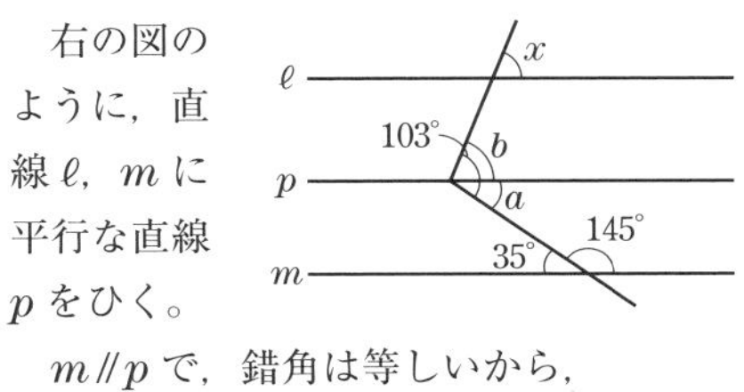

$m /\!/ p$ で，錯角は等しいから，

$\angle a=35°$

$\ell /\!/ p$ で，同位角は等しいから，

$\angle x=\angle b=103°-35°=68°$

第2回　◇4級2次（数理技能検定）◇　解答　【p.25～30】

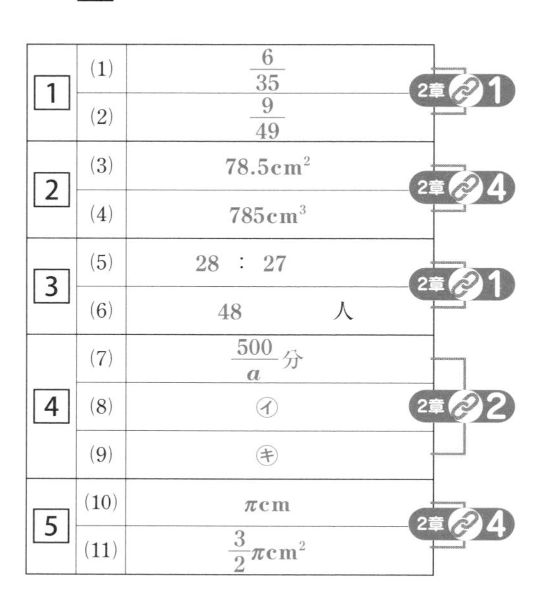

1	(1)	$\dfrac{6}{35}$
	(2)	$\dfrac{9}{49}$
2	(3)	78.5cm^2
	(4)	785cm^3
3	(5)	28 ： 27
	(6)	48　人
4	(7)	$\dfrac{500}{a}$分
	(8)	㋑
	(9)	㋖
5	(10)	πcm
	(11)	$\dfrac{3}{2}\pi$cm^2

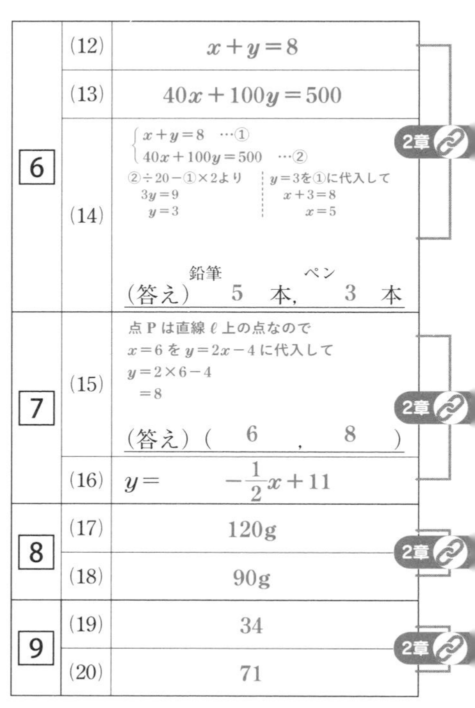

6	(12)	$x+y=8$
	(13)	$40x+100y=500$
	(14)	$\begin{cases} x+y=8 & \cdots① \\ 40x+100y=500 & \cdots② \end{cases}$ ②÷20－①×2より $3y=9$ $y=3$ $y=3$を①に代入して $x+3=8$ $x=5$ （答え）鉛筆 5 本，ペン 3 本
7	(15)	点Pは直線ℓ上の点なので $x=6$を$y=2x-4$に代入して $y=2\times6-4$ $=8$ （答え）（ 6 ， 8 ）
	(16)	$y=-\dfrac{1}{2}x+11$
8	(17)	120g
	(18)	90g
9	(19)	34
	(20)	71

◇◆◇4級2次（数理技能検定）◇◆◇　解説　◇◆◇

1 (1)　ある分数をxとすると，$\dfrac{14}{15}$をかけた計算結果が$\dfrac{4}{25}$だから

$$x\times\frac{14}{15}=\frac{4}{25}$$

$$x=\frac{4}{25}\div\frac{14}{15}=\frac{4}{25}\times\frac{15}{14}=\frac{6}{35}$$

わる数の逆数をかける

(2)　(1)より，ある分数は$\dfrac{6}{35}$だから，正しい計算結果は

$$\frac{6}{35}\div\frac{14}{15}=\frac{6}{35}\times\frac{15}{14}=\frac{9}{49}$$

2 (3)　底面は半径5cmの円だから，底面積は，$5\times5\times3.14=78.5$(cm^2)

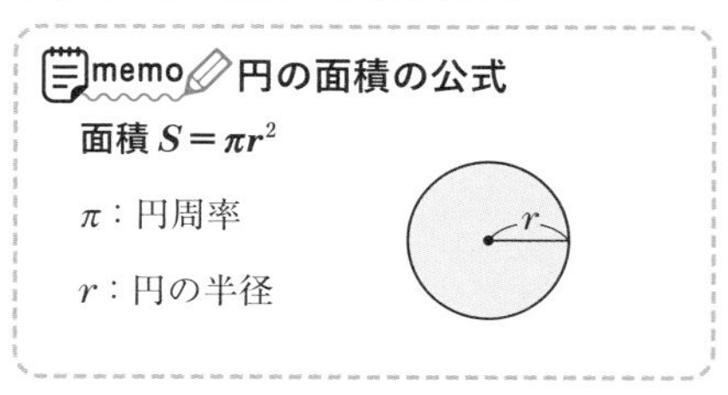

memo 円の面積の公式
面積 S＝πr²
π：円周率
r：円の半径
r

(4)　**円柱の体積 ＝ 底面積 × 高さ**にあてはめる。底面積78.5cm^2，高さ10cmより，体積は

$78.5\times10=785$(cm^3)

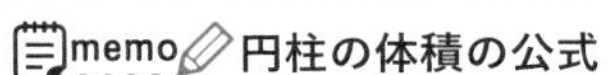

memo 円柱の体積の公式

体積 $V=\pi r^2 h$

π ：円周率

r ：底面の半径

h ：高さ

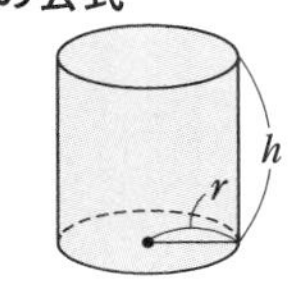

3 (5) 男子の人数が140人，女子の人数が135人だから，男子と女子の人数の比は

5でわる

$140:135=28:27$

5でわる

(6) 2年生の男子の人数は，2年生全体の

$\frac{8}{8+7}=\frac{8}{15}$にあたるから，

$90\times\frac{8}{15}=48$(人)

[別解]比例式の計算を利用して求めることもできる。

男子の人数をx人とすると，

$90:x=(8+7):8$

$15x=90\times 8$

$x=48$(人)

memo 比例式の性質

$a:b=c:d$ ならば，$ad=bc$

4 (7) (道のり)÷(速さ)＝(時間)の関係を利用して，式を立てると，

$500\div a=\frac{500}{a}$(分)

道のりの単位mがそろっているかを確認！

単位m　分速●m

memo 速さ・時間・道のりの関係

速さ × 時間 ＝ 道のり

道のり ÷ 速さ ＝ 時間

道のり ÷ 時間 ＝ 速さ

道のり
÷ ÷
速さ×時間

(8) $500-b<60$

500は家から駅までの道のり500mを表し，道のりからbをひくので，bも道のりである。したがって，この不等式は道のりの関係を表していることがわかる。

b，60の単位はmであり，「家から駅へ向かってbm歩いたときの残りの道のりは，60mより短い」ことを表している。

(9) (道のり)＝(速さ)×(時間)より，分速70mでc分歩いたときの道のりは，$70c$(m)である。

よって，家から駅へ向かって分速70mでc分歩いたときの残りの道のりは，$500-70c$(m)となる。

これが200m以上だから，

$500-70c\geqq 200$

ミス注意!! 不等号の向きに注意！

■＞△…■は△より大きい

■＜△…■は△より小さい

■≧△…■は△以上

■≦△…■は△以下

5 (10) 半径3cm，中心角60°のおうぎ形の弧の長さは

$2\pi\times 3\times\frac{60}{360}=\pi$(cm)

(11) $\pi\times 3^2\times\frac{60}{360}=\frac{3}{2}\pi$(cm^2)

[別解]$\frac{1}{2}\times\pi\times 3=\frac{3}{2}\pi$(cm^2)

memo おうぎ形の弧の長さと面積

半径r，中心角a°のおうぎ形の弧の長さをℓ，面積をSとすると，

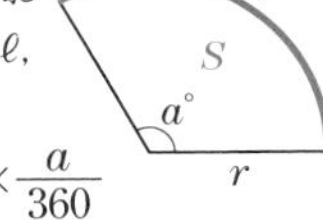

弧の長さ　$\ell=2\pi r\times\frac{a}{360}$

面　　積　$S=\pi r^2\times\frac{a}{360}$

$S=\frac{1}{2}\ell r$

6 (12) 「鉛筆とペンを合わせて8本買いました。」

→本数の関係を式にする。

→ $x+y=8$ ……①

(13) **(代金)=(単価)×(個数)より，方程式をつくる。**

1本40円の鉛筆 x 本の代金は，

$40\times x=40x$(円)

1本100円のペン y 本の代金は，

$100\times y=100y$(円)

代金の合計が500円だから，方程式は，

$40x+100y=500$ ……②

(14) ①，②を連立方程式として解く。

②の式の両辺を20でわると，式を簡単にすることができる。

② ÷20－ ① ×2 より，

$$
\begin{array}{rl}
 & 2x+5y=25 \cdots\cdots ② \div 20 \\
-) & 2x+2y=16 \cdots\cdots ① \times 2 \\
\hline
 & 3y=9 \\
 & y=3
\end{array}
$$

これを①に代入して，$x=5$

7 (15) 点Pは直線 ℓ 上の点だから，

$y=2x-4$ に $x=6$ を代入して，

$y=2\times 6-4=8$

よって，点Pの座標は，(6，8)

(16) 直線 $y=ax+b$ が点(m, n)を通るとき，$y=ax+b$ に $x=m$，$y=n$ を代入した $n=am+b$ が成り立つ。

直線 m は点Pを通るから，

$y=-\frac{1}{2}x+b$ に $x=6$，$y=8$ を代入して

$8=-\frac{1}{2}\times 6+b$

$b=11$

よって，直線 m の式は，

$y=-\frac{1}{2}x+11$

8 四分位数は次のようになる。

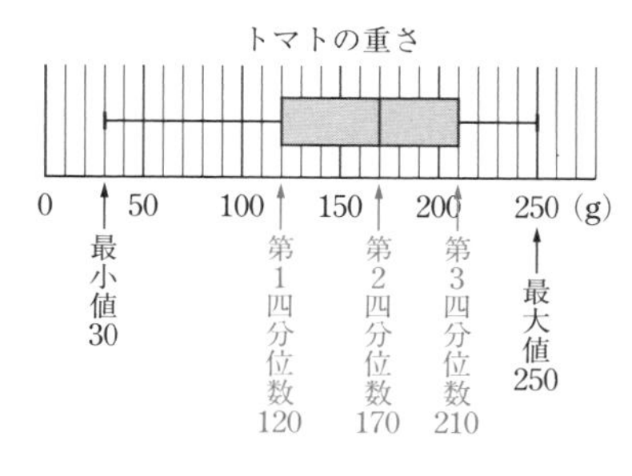

(17) 上の図より，第1四分位数は120g

(18) **四分位範囲**

＝ 第3四分位数 － 第1四分位数

だから，$210-120=90$(g)

ミス注意!! 四分位範囲と範囲を間違えないように注意！

四分位範囲

＝ 第3四分位数 － 第1四分位数

範囲 ＝ 最大値 － 最小値

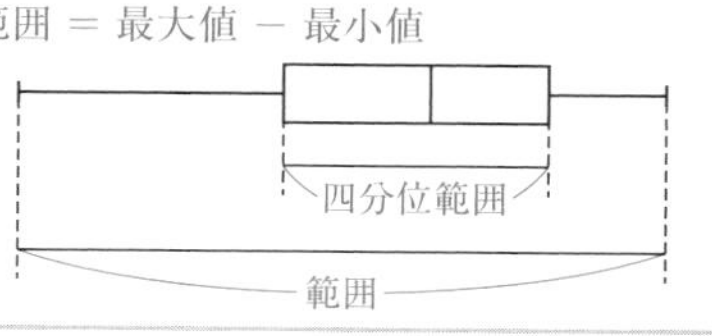

9 (19) それぞれの位の数の2乗をたして，

【53】$=5^2+3^2=25+9=34$

(20) 十の位の数を a，一の位の数を b とすると，

【ab】$=a^2+b^2=50$

上の位の数が大きいほど数は大きくなるから，$a\geqq b$

$7^2<50<8^2$ より，$a\leqq 7$

$a=7$ のとき，$7^2+b^2=50$

$b^2=50-49=1$

$b\geqq 0$ より，$b=1$

したがって，求める x は71

実際，

【71】$=7^2+1^2=49+1=50$

となる。

第3回　◇4級1次（計算技能検定）◇　解答　【p.31～34】

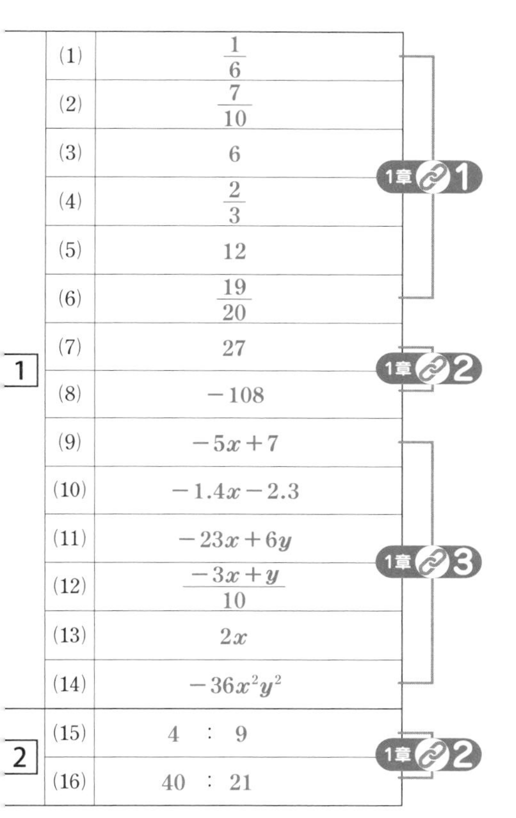

大問	番号	解答	参照
1	(1)	$\frac{1}{6}$	1章 1
	(2)	$\frac{7}{10}$	
	(3)	6	
	(4)	$\frac{2}{3}$	
	(5)	12	
	(6)	$\frac{19}{20}$	
	(7)	27	1章 2
	(8)	-108	
	(9)	$-5x+7$	1章 3
	(10)	$-1.4x-2.3$	
	(11)	$-23x+6y$	
	(12)	$\frac{-3x+y}{10}$	
	(13)	$2x$	
	(14)	$-36x^2y^2$	
2	(15)	4 ： 9	1章 2
	(16)	40 ： 21	

大問	番号	解答	参照
3	(17)	79	1章 4
	(18)	-6	
4	(19)	$x=-5$	1章 4
	(20)	$x=-10$	
5	(21)	$x=2$，$y=-2$	1章 5
	(22)	$x=-1$，$y=3$	
6	(23)	ウ	1章 7
	(24)	3 通り	1章 8
	(25)	$y=-3x$	1章 6
	(26)	9	1章 8
	(27)	$x=\frac{-8y+5}{2}$	1章 4
	(28)	$b=-12$	1章 6
	(29)	160 度	1章 7
	(30)	$\angle x=65$ 度	

◇◆◇4級1次（計算技能検定）◇◆◇ 解説 ◇◆◇

1 (1) 分母どうし，分子どうしをかける。**計算の途中で約分する。**

$$\frac{3}{14}\times\frac{7}{9}=\frac{\overset{1}{3}\times\overset{1}{7}}{\underset{2}{14}\times\underset{3}{9}}=\frac{1}{6}$$

(2) **分数の除法は**乗法**に直して計算する。**

$$\frac{5}{8}\div\frac{25}{28}$$
除法→乗法
$$=\frac{5}{8}\times\frac{28}{25}$$
$$=\frac{7}{10}$$

(3) 帯分数は仮分数に直し，除法は乗法に直して**計算する。**

$$\frac{48}{55}\times3\frac{1}{8}\div\frac{5}{11}$$
帯分数→仮分数
$$=\frac{48}{55}\times\frac{25}{8}\div\frac{5}{11}$$
除法→乗法
$$=\frac{48}{55}\times\frac{25}{8}\times\frac{11}{5}$$
$$=\frac{48\times25\times11}{55\times8\times5}=6$$

(4) （　）の中→除法**の順に計算する。**

$$\frac{14}{45}\div\left(1\frac{3}{10}-\frac{5}{6}\right)=\frac{14}{45}\div\left(\frac{13}{10}-\frac{5}{6}\right)$$
$$=\frac{14}{45}\div\left(\frac{39}{30}-\frac{25}{30}\right)=\frac{14}{45}\div\frac{14}{30}$$
$$=\frac{14}{45}\times\frac{30}{14}=\frac{2}{3}$$

(5) **帯分数は仮分数に直し，小数は分数に直して計算する。**

$6\div1\frac{7}{20}\times2.7=6\div\frac{27}{20}\times\frac{27}{10}$

$=6\times\frac{20}{27}\times\frac{27}{10}=12$

(6) $0.3\times\frac{1}{6}+1.2\div1\frac{1}{3}=\frac{3}{10}\times\frac{1}{6}+\frac{12}{10}\div\frac{4}{3}$

$=\frac{3}{10}\times\frac{1}{6}+\frac{12}{10}\times\frac{3}{4}=\frac{1}{20}+\frac{9}{10}$

$=\frac{1}{20}+\frac{18}{20}=\frac{19}{20}$

(7) **ひく数の符号を変えて加法に直して計算する。**

$14-(-17)-4$

$=14+17-4=31-4=27$

(8) **累乗→減法の順に計算する。**

$(-3)^3=(-3)\times(-3)\times(-3)=-27$

$(-9)^2=(-9)\times(-9)=81$

だから，

$(-3)^3-(-9)^2=-27-81=-108$

(9) **かっこをはずして，文字の項どうし，数の項どうしでまとめる。**

$2x-1+(-7x+8)$

$=2x-1-7x+8$ 同類項をまとめる

$=-5x+7$

(10) **分配法則を使ってかっこをはずし，文字の項どうし，数の項どうしでまとめる。**

$0.6(-9x+2)+0.5(8x-7)$

$=0.6\times(-9x)+0.6\times2+0.5\times8x+0.5\times(-7)$

$=-5.4x+1.2+4x-3.5$

$=(-5.4+4)x+(1.2-3.5)$

$=-1.4x-2.3$

(11) $3(-7x+5y)-(2x+9y)$

$=3\times(-7x)+3\times5y-2x-9y$

$=-21x+15y-2x-9y$

$=(-21-2)x+(15-9)y$

$=-23x+6y$

(12) 分母の2と5の最小公倍数10で通分して，分子の計算をする。

$\frac{x-3y}{2}+\frac{-4x+8y}{5}$

$=\frac{5(x-3y)}{10}+\frac{2(-4x+8y)}{10}$ 通分

$=\frac{5x-15y-8x+16y}{10}=\frac{-3x+y}{10}$

ミス注意!! 分母をはらってはダメ！

方程式ではないので，分母をはらってはいけない。

$\frac{x-3y}{2}+\frac{-4x+8y}{5}$

~~$=5(x-3y)+2(-4x+8y)$~~ 文字式の計算は，通分！

(13) **まず，累乗の計算をして，除法を分数で表す。**

$18x^3y^4\div(-3xy^2)^2$

$=18x^3y^4\div9x^2y^4$ 累乗の計算

$=\frac{18x^3y^4}{9x^2y^4}$ 分数で表す

$=\frac{\overset{2}{\cancel{18}}\times\cancel{x}\times\cancel{x}\times x\times\cancel{y}\times\cancel{y}\times\cancel{y}\times\cancel{y}}{\underset{1}{\cancel{9}}\times\cancel{x}\times\cancel{x}\times\cancel{y}\times\cancel{y}\times\cancel{y}\times\cancel{y}}=2x$

(14) 除法を分数で表す。

$24x^3y^2\times3xy\div(-2x^2y)$

$=\frac{24x^3y^2\times3xy}{-2x^2y}=-36x^2y^2$

2 **$a:b$ の比で a と b の両方に同じ数をかけても，同じ数でわっても比は変わらないことを利用する。**

(15) 20と45の最大公約数5でわる。

$20:45=(20\div5):(45\div5)$

$=4:9$

(16) 分母の35と50の最小公倍数350をかけて，分数を整数に直す。

$\frac{4}{35}:\frac{3}{50}=\left(\frac{4}{35}\times350\right):\left(\frac{3}{50}\times350\right)$

$=40:21$

3 (17) **負の数は(　)をつけて代入する。**

$-8x+7=-8\times(-9)+7=72+7=79$

(18) $\dfrac{54}{x}=\dfrac{54}{-9}=-6$

4 **文字の項を左辺に，数の項を右辺に移項して整理し，両辺を x の係数でわる。**

(19) $8x+4=5x-11$

$8x-5x=-11-4$ 移項

$3x=-15,\ x=-5$

(20) 係数を整数にする。

両辺に10をかけると，

$(x-2.5)\times10=(2.8x+15.5)\times10$

$10x-25=28x+155$

$10x-28x=155+25$

$-18x=180,\ x=-10$

5 (21) x の係数の絶対値をそろえて，加減法で解く。

(上の式) $3x+2y=2$

(下の式)×3 $-)\ 3x-9y=24$

$11y=-22$

$y=-2$

$y=-2$ を下の式に代入して，

$x-3\times(-2)=8,\ x+6=8,\ x=2$

(22) 上の式を下の式に代入して，

$(-2y+5)-4y=-13$

$-2y+5-4y=-13$

$-6y=-18,\ y=3$

$y=3$ を上の式に代入して，

$x=-2\times3+5=-1$

6 (23) 下の図のように，$\mathrm{EG}=\dfrac{1}{2}\mathrm{BH}$，

$\mathrm{DG}=\dfrac{1}{2}\mathrm{AH}$ となる点Dの位置はウ。

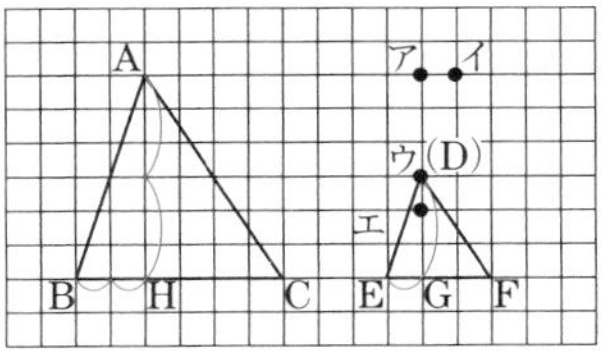

(24) 3人に①，②，③の番号を付けると，掃除当番の組み合わせは

(①，②)，(①，③)，(②，③)

の3通り。

(25) **y が x に比例するならば，式は $y=ax$ と表せる。**

$y=ax$ に $x=6,\ y=-18$ を代入すると，

$-18=a\times6,\ 6a=-18,\ a=-3$

よって，式は，$y=-3x$

(26) **データの範囲は，データの最大値と最小値の差である。**

最大値は12，最小値は3だから，範囲は，

$12-3=9$

(27) x の項を左辺に，x 以外の項を右辺に移項して，変形する。

$8y=-2x+5$

$2x=5-8y$

$x=\dfrac{-8y+5}{2}$ 両辺を2でわる

(28) グラフが通る点の $x,\ y$ の値を1次関数の式に代入して，

$-9=\dfrac{1}{4}\times12+b,\ -9=3+b,\ b=-12$

(29) **正 n 角形の1つの内角の大きさは，$\dfrac{180°\times(n-2)}{n}$** $n=18$ を代入して，

$\dfrac{180°\times(18-2)}{18}=\dfrac{180°\times16}{18}=160°$

(30) $\ell,\ m$ に平行な補助線をひき，平行線の錯角が等しいことを利用する。

右の図のように，直線 $\ell,\ m$ に平行な直線 p をひく。

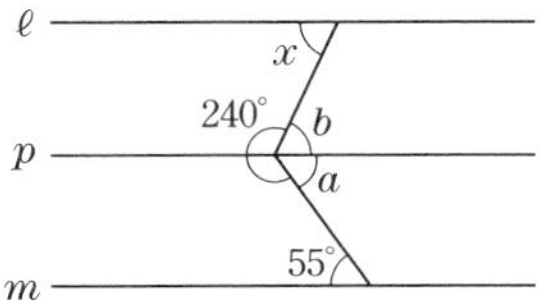

$m /\!/ p$ で，錯角は等しいから，

$\angle a=55°$

同様に，$\ell /\!/ p$ で，錯角は等しいから，

$\angle x=\angle b=360°-(240°+55°)=65°$

第3回　◇4級2次（数理技能検定）◇　解答　【p.35～40】

1	(1)	$15-x=y$		2章 2
	(2)	9km		
2	(3)	783cm^3		2章 5
	(4)	216cm^3		
3	(5)	175cm		2章 1
	(6)	10cm		
4	(7)	2.9℃		2章 1
	(8)	3月　4　日	16.6℃	
	(9)	1.7℃		
5	(10)	$16\pi\text{cm}$		2章 4
	(11)	$\pi\times20^2\times\frac{144}{360}=\pi\times400\times\frac{2}{5}$ $=160\pi$ (答え)　$160\pi\text{cm}^2$		

6	(12)	ウ		2章
	(13)	B　80	C　100	
7	(14)	$y=\frac{2}{3}x-2$ に $x=6$ を代入して $y=\frac{2}{3}\times6-2$ $=2$ (答え)（　6　，　2　）		2章
	(15)	$y=\quad-\frac{1}{2}x+5$		
	(16)	（　10　，　0　）		
8	(17)	$\frac{1}{2}$		2章
	(18)	$\frac{1}{3}$		
9	(19)	c2，d3		2章
	(20)	交差点　c3	道のりの合計　800　m	

◇◆◇4級2次（数理技能検定）◇◆◇　解説　◇◆◇

1 (1)　（全体の道のり）－（走った道のり）
＝（残りの道のり）より
$15-x=y$

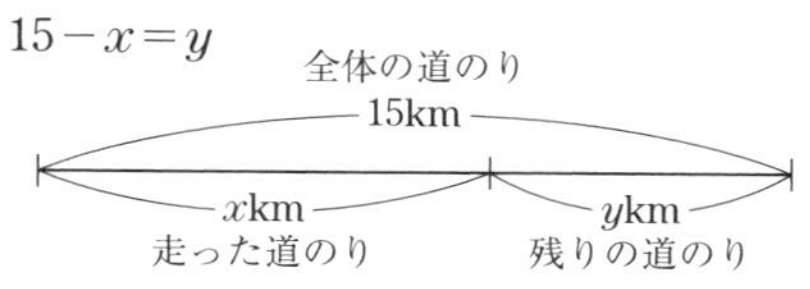

ミス注意!! **問題文の表現に注意。**
「x と y の関係を式に表しなさい。」
→ $x+y=15$ でも正答
「y を x の式で表しなさい。」
→ $y=15-x$ または $15-x=y$
のみ正答

(2)　(1)の式に $y=6$ を代入して
$15-x=6$，$x=9$(km)

2　（角柱の体積）＝（底面積）×（高さ）

(3)　底面積 87cm^2，高さ 9cm の六角柱の体積は
$87\times9=783(\text{cm}^3)$

(4)　底面は，底辺が 9cm，高さが 6cm の三角形だから，底面積は
$\frac{1}{2}\times9\times6=27(\text{cm}^2)$
よって，体積は
$27\times8=216(\text{cm}^3)$

3 (5) お父さんの身長を $x$cm とおくと，

$$6:7=150:x \quad (\times 25,\ \times 25)$$

150が6の25倍になっていることから，xも7の25倍となる。

$x=7\times25=175$(cm)

[別解]**比例式の性質 $a:b=c:d$ ならば，$ad=bc$ を利用する。**

$150:x=6:7$

比例式の性質を使って，

$150\times7=6x$

$x=175$(cm)

(6) 1年前のつとむさんの身長を $x$cm とおくと，

$$4:5=x:175 \quad (\times 35,\ \times 35)$$

175が5の35倍になっていることから，xも4の35倍となる。

$x=4\times35=140$(cm)

つとむさんの現在の身長は150cmだから，

$150-140=10$(cm)

よって，1年間で10cm伸びた。

[別解]比例式の性質を使って，

$x:175=4:5$

$5x=175\times4$

$x=140$(cm)

と求めることもできる。

4 (7) $-0.8-(-3.7)$
$=-0.8+3.7$
$=2.9$(℃)

$-(-■)=+■$

(8) 1日 $4.5-(-1.5)=4.5+1.5=6$(℃)

2日 (7)より，2.9℃

3日 $-3.2-(-11.4)=-3.2+11.4$
$=8.2$(℃)

4日 $2.1-(-14.5)=2.1+14.5$
$=16.6$(℃)

5日 $5.7-1.2=4.5$(℃)

6日 $3.9-(-9.5)=3.9+9.5=13.4$(℃)

7日 $-0.6-(-13.0)=-0.6+13.0$
$=12.4$(℃)

よって，最高気温から最低気温をひいた差がもっとも大きいのは3月4日の16.6℃である。

(9) (最高気温の平均)
=(最高気温の合計)÷(日数)
より，求める。

1日から7日までの最高気温の合計は
$4.5+(-0.8)+(-3.2)+2.1+5.7$
$+3.9+(-0.6)=11.6$(℃)

よって，最高気温の平均は
$11.6\div7=1.65\cdots$(℃)

小数第2位を四捨五入して，1.7℃

5 (10) 半径を r，中心角を $a°$ としたとき，おうぎ形の弧の長さは $2\pi r\times\frac{a}{360}$ であるから，半径20cm，中心角144°のおうぎ形の弧の長さは

$2\pi\times20\times\frac{144}{360}=16\pi$(cm)

(11) 半径を r，中心角を $a°$ としたとき，おうぎ形の面積は $\pi r^2\times\frac{a}{360}$ である。

[別解]弧の長さを ℓ，半径を r としたとき，おうぎ形の面積は $\frac{1}{2}\times\ell\times r$

(10)より，弧の長さは 16πcm であるから，面積は

$\frac{1}{2}\times16\pi\times20=160\pi$(cm^2)

6 (12) 百分率を小数に直して**式を立てる。**

10%→0.1，20%→0.2

今年度の男子の人数を x 人とすると，昨年度の男子の人数は，今年度の男子の人数の $1+0.1=1.1$(倍)だから，

$1.1x$(人)

今年度の女子の人数を y 人とすると，昨年度の女子の人数は，今年度の女子の人数の $1-0.2=0.8$(倍)だから，

$0.8y$(人)

よって，昨年度の生徒数は，

$1.1x+0.8y$(人)となるので，ウ。

(13) ②×10より，

$11x+8y=1680$ ……②′

①×8－②′より，

$$
\begin{array}{rl}
8x+8y=1440 & \cdots\cdots ①\times 8 \\
-)\ \ 11x+8y=1680 & \cdots\cdots ②' \\
\hline
-3x \qquad =-240 & \\
x=80 &
\end{array}
$$

$x=80$ を①に代入して，

$80+y=180$，$y=100$

7 (14) 点Aは直線 ℓ 上の点なので，直線 ℓ の式に $x=6$ を代入して，y 座標を求める。

(15) 直線 m は点(0，5)を通るから，切片は5であり，式は $y=ax+5$ と表される。

直線 m は点Aを通るから，$y=ax+5$ に $x=6$，$y=2$ を代入して，

$2=a\times6+5$，$a=-\dfrac{1}{2}$

よって，求める式は

$y=-\dfrac{1}{2}x+5$

(16) $y=-\dfrac{1}{2}x+5$ に $y=0$ を代入して，

$0=-\dfrac{1}{2}x+5$，$x=10$

よって，点Bの座標は(10，0)

8 (17) 窓際の席はイかエであるから，Aがイの席になる場合とエの席になる場合に分けて樹形図をつくると，下の図のようになるので，全部で12通りある。

Aがア，ウの席になる場合も同様に12通りあり，座り方は全部で，

$12+12=24$(通り)

だから，求める確率は $\dfrac{12}{24}=\dfrac{1}{2}$

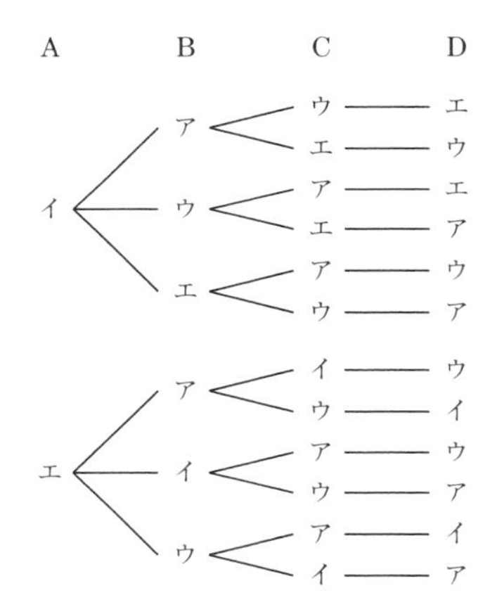

(18) 下の樹形図より，CとDが隣どうしの席になるのは8通りである。

よって，求める確率は $\dfrac{8}{24}=\dfrac{1}{3}$

C D A B
ア ― イ ＜ ウ ― エ / エ ― ウ
イ ― ア ＜ ウ ― エ / エ ― ウ
ウ ― エ ＜ ア ― イ / イ ― ア
エ ― ウ ＜ ア ― イ / イ ― ア

9 (19)　歩く道のりが300m 以下になる交差点を3人それぞれの道のりから考える。

①あゆみさんが歩く道のりが300m 以下になるのは，右の図の○で示した交差点である。

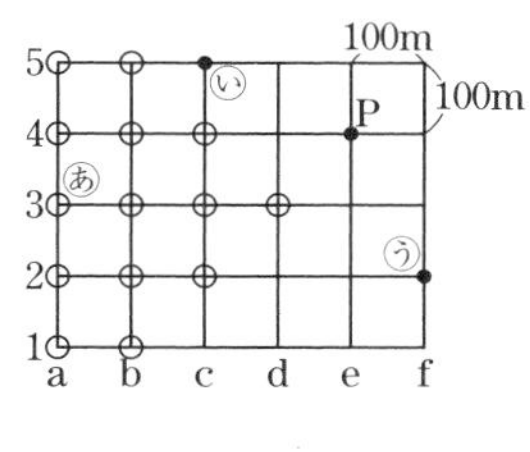

②いつきさんが歩く道のりが300m 以下になるのは，右の図の○で示した交差点である。

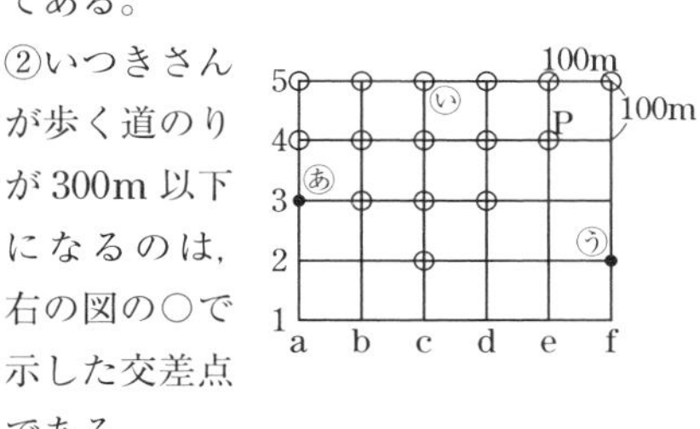

③うめかさんが歩く道のりが300m 以下になるのは，右の図の○で示した交差点である。

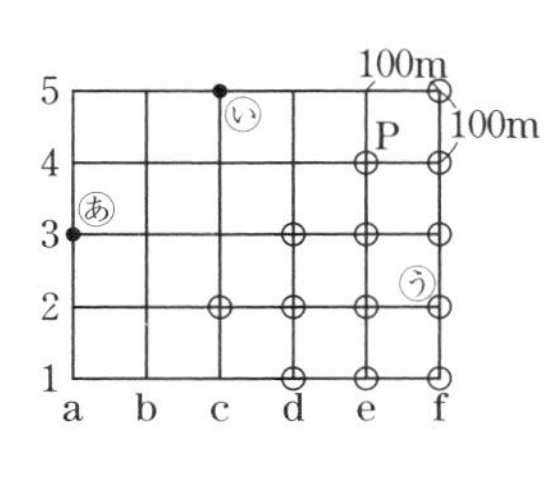

①，②，③で，共通する交差点はc2，d3である。

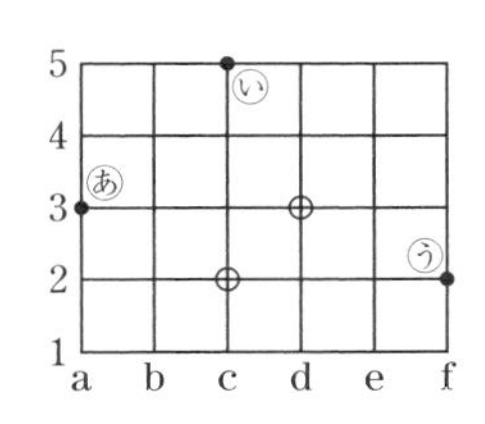

このとき，3人とも歩く道のりが300m 以下になる。

(20)　2人ずつに分けて，それぞれの最短の道のりを考える。

①あゆみさんといつきさん

2人の歩く道のりの合計が最短となるのは400m のときで，右の図の○で示した交差点である。

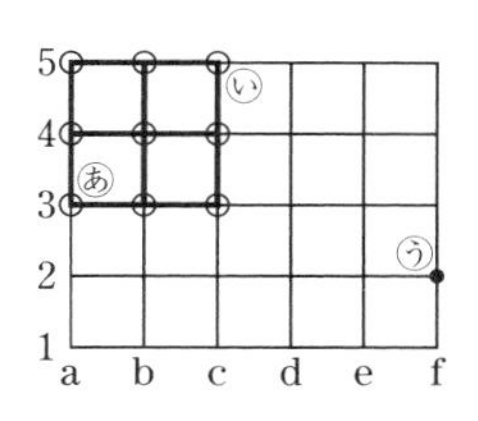

②いつきさんとうめかさん

2人の歩く道のりの合計が最短となるのは600m のときで，右の図の○で示した交差点である。

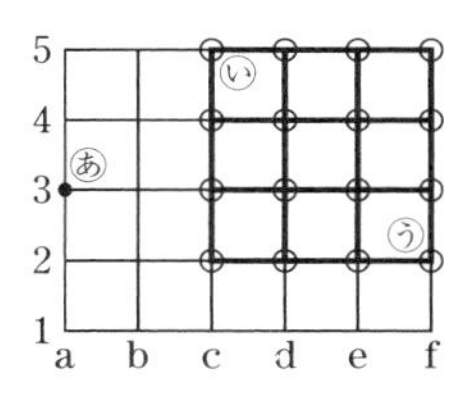

③あゆみさんとうめかさん

2人の歩く道のりの合計が最短となるのは600m のときで，右の図の○で示した交差点である。

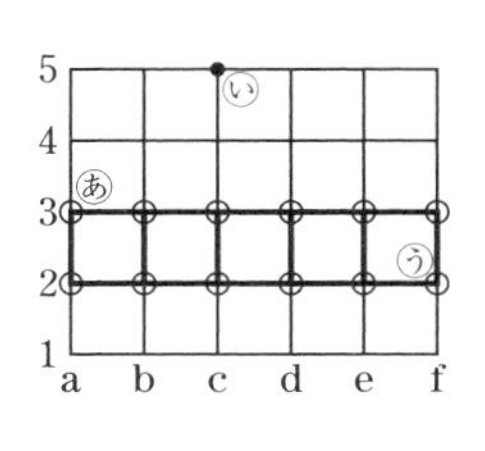

①，②，③で，共通する交差点はc3。

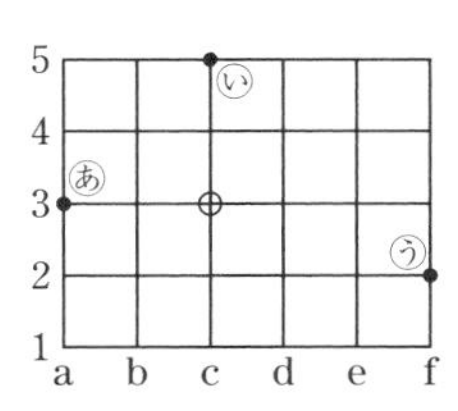

このとき，3人の歩く道のりの合計は最短で，$200+200+400=800$(m)。

第4回 ◇4級1次（計算技能検定）◇ 解答 【p.41〜44】

大問	番号	解答	参照
1	(1)	$\frac{6}{25}$	1章 1
	(2)	$\frac{9}{10}$	
	(3)	$\frac{9}{8}$	
	(4)	$\frac{27}{2}$	
	(5)	$\frac{8}{7}$	
	(6)	$\frac{23}{60}$	
	(7)	-5	1章 2
	(8)	8	
	(9)	$-2x+5$	1章 3
	(10)	$1.4x-0.7$	
	(11)	$3x-24y$	
	(12)	$\frac{53x+42y}{36}$	
	(13)	$18x^4y^3$	
	(14)	$-3x^2y$	
2	(15)	3 ： 7	1章 2
	(16)	9 ： 10	
3	(17)	18	1章
	(18)	9	
4	(19)	$x=$ 5	1章
	(20)	$x=$ -14	
5	(21)	$x=$ 5 ， $y=$ 6	1章
	(22)	$x=$ 3 ， $y=$ -4	
6	(23)	イ	1章
	(24)	4 通り	1章
	(25)	$y=$ 16	1章
	(26)	7	1章
	(27)	$x=$ $\frac{-4y+7}{3}$	1章
	(28)	$a=$ -3	1章
	(29)	162 度	1章
	(30)	$\angle x=$ 45 度	

◇◆◇4級1次（計算技能検定）◇◆◇ 解説 ◇◆◇

1 (1) 分母どうし，分子どうしをかける。**計算の途中で約分する。**

$$\frac{27}{40}\times\frac{16}{45}=\frac{\overset{3}{\cancel{27}}\times\overset{2}{\cancel{16}}}{\underset{5}{\cancel{40}}\times\underset{5}{\cancel{45}}}=\frac{6}{25}$$

(2) **除法は**乗法**に直して計算する。**

$$\frac{21}{25}\div\frac{14}{15}$$

除法→乗法

$$=\frac{21}{25}\times\frac{15}{14}$$

$$=\frac{9}{10}$$

(3) 帯分数は仮分数に直し，除法は乗法に直して**計算する。**

$$\frac{9}{11}\div\frac{3}{4}\times1\frac{1}{32}$$

帯分数→仮分数

$$=\frac{9}{11}\div\frac{3}{4}\times\frac{33}{32}$$

除法→乗法

$$=\frac{9}{11}\times\frac{4}{3}\times\frac{33}{32}$$

$$=\frac{9\times4\times33}{11\times3\times32}=\frac{9}{8}$$

(4) （　）の中→除法**の順に計算する。**

$$2\frac{1}{4}\div\left(\frac{1}{2}-\frac{1}{3}\right)=\frac{9}{4}\div\left(\frac{3}{6}-\frac{2}{6}\right)$$

$$=\frac{9}{4}\div\frac{1}{6}=\frac{9}{4}\times\frac{6}{1}=\frac{27}{2}$$

(5) 小数は分数に直し，除法は乗法に直して**計算する。**

$$\frac{12}{49}\times2.8\div\frac{3}{5}=\frac{12}{49}\times\frac{28}{10}\times\frac{5}{3}=\frac{8}{7}$$

(6)　**乗法→減法の順に計算する。**

$\frac{5}{6}-1.2\times\frac{3}{8}=\frac{5}{6}-\frac{12}{10}\times\frac{3}{8}$

$=\frac{5}{6}-\frac{9}{20}=\frac{50}{60}-\frac{27}{60}=\frac{23}{60}$

(7)　**ひく数の符号を変えて加法に直して計算する。**

$5+(-11)-(-1)$

$=5-11+1=-6+1=-5$

(8)　**累乗→加法の順に計算する。**

$-2^3=-(2\times2\times2)=-8$

$(-4)^2=(-4)\times(-4)=16$

だから，

$-2^3+(-4)^2=-8+16=8$

(9)　**かっこをはずして，文字の項どうし，数の項どうしでまとめる。**

$7x-3-(9x-8)$

$=7x-3-9x+8$ ）同類項をまとめる

$=-2x+5$

ミス注意!!　符号の変え忘れに注意！

−(　)をはずすとき，うしろの項の符号を変え忘れないようにしよう。

$7x-3-(9x-8)$

$=7x-3-9x+8$

(10)　**分配法則を使ってかっこをはずし，文字の項どうし，数の項どうしでまとめる。**

$0.8(4x-5)-0.3(6x-11)$

$=0.8\times4x+0.8\times(-5)-0.3\times6x-0.3\times(-11)$

$=3.2x-4-1.8x+3.3$

$=1.4x-0.7$

(11)　$3(3x-4y)-6(x+2y)$

$=3\times3x+3\times(-4y)-6\times x-6\times2y$

$=9x-12y-6x-12y$

$=3x-24y$

(12)　分母の4と9の最小公倍数36で通分して，分子の計算をする。

$\frac{5x+6y}{4}+\frac{2x-3y}{9}$ ）通分

$=\frac{9(5x+6y)}{36}+\frac{4(2x-3y)}{36}$

$=\frac{45x+54y+8x-12y}{36}$

$=\frac{53x+42y}{36}$

(13)　係数の積と文字の積をかけ合わせる。

$6x^2y\times3x^2y^2$

$=6\times3\times x^2y\times x^2y^2$

$=18x^4y^3$

(14)　除法を分数で表す。

$6xy^2\div(-8x^2y^3)\times4x^3y^2$ ）分数で表す

$=\frac{6xy^2\times4x^3y^2}{-8x^2y^3}$

$=-3x^2y$

2　**$a:b$ の比で a と b の両方に同じ数をかけても，同じ数でわっても比は変わらないことを利用する。**

(15)　9と21の最大公約数3でわる。

$9:21=(9\div3):(21\div3)$

$=3:7$

(16)　分母の8と12の最小公倍数24をかけて，分数を整数に直す。

$\frac{3}{8}:\frac{5}{12}=\left(\frac{3}{8}\times24\right):\left(\frac{5}{12}\times24\right)$

$=9:10$

3　**負の数は(　)をつけて代入する。**

(17)　$-6x=-6\times(-3)=18$

(18)　$x^2=(-3)^2=9$

4　**文字の項を左辺に，数の項を右辺に移項して整理し，両辺を x の係数でわる。**

(19)　$3x+8=7x-12$ ）移項

$3x-7x=-12-8$

$-4x=-20,\ x=5$

(20) **係数が分数の方程式は，分母の最小公倍数を両辺にかけて係数を整数にする。**

両辺に分母の2と4の最小公倍数4をかけると，

$$\left(\frac{3}{4}x+1\right)\times 4=\left(\frac{1}{2}x-\frac{5}{2}\right)\times 4$$

$$3x+4=2x-10$$

$$x=-14$$

5 (21) yの係数の絶対値をそろえて，加減法で解く。

(上の式)×5　　$15x-20y=-45$

(下の式)×4　$-)$ $28x-20y=20$

$$-13x=-65$$

$$x=5$$

$x=5$を上の式に代入して，

$3\times5-4y=-9$

$15-4y=-9$

$y=6$

(22) 上の式を下の式に代入して，

$2x-10=-4x+8$

$6x=18$

$x=3$

$x=3$を上の式に代入して，

$y=2\times3-10=-4$

6 (23) 点対称な図形は，1点を中心として180°回転したときにぴったり重なる図形である。右の図より，もう1つの頂点はイ。

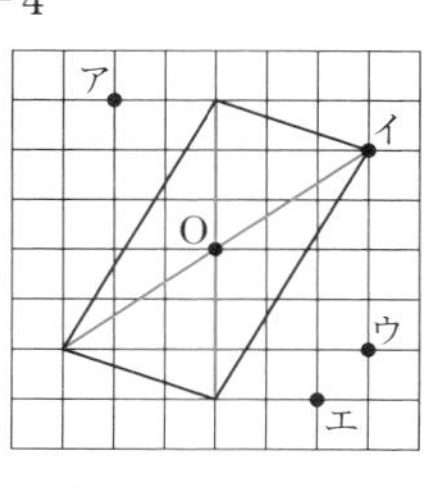

(24) 樹形図をかくと，右のようになる。

100円　50円

表 < 表 / 裏

裏 < 表 / 裏

したがって，表と裏の出方は全部で4通り。

(25) **yがxに反比例するならば，式は$y=\frac{a}{x}$と表せる。**

$y=\frac{a}{x}$に$x=4$, $y=-8$を代入すると，

$-8=\frac{a}{4}$，$a=-32$

よって，式は，$y=-\frac{32}{x}$

$y=-\frac{32}{x}$に$x=-2$を代入すると，

$y=-\frac{32}{-2}=16$

(26) **データの範囲は，データの最大値と最小値の差である。**

最大値は10, 最小値は3だから, 範囲は，

$10-3=7$

(27) xの項以外の項を右辺に移項して，変形する。

$3x+4y-7=0$

$3x=-4y+7$，$x=\frac{-4y+7}{3}$

(28) グラフが通る点のx，yの値を1次関数の式に代入して，

$-1=a\times(-2)-7$，$-1=-2a-7$，

$2a=-6$，$a=-3$

(29) **正n角形の1つの内角の大きさは$\frac{180°\times(n-2)}{n}$**　$n=20$を代入して，

$$\frac{180°\times(20-2)}{20}=\frac{180°\times18}{20}=162°$$

(30) ℓ，mに平行な補助線をひき，平行線の同位角，錯角は等しいことを利用する。

右の図のように，直線ℓ，mに平行な直線pをひく。

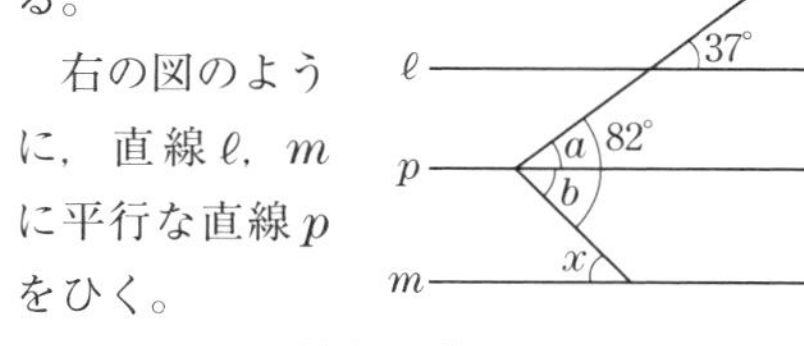

$\ell /\!/ p$で，同位角は等しいから，

$\angle a=37°$

$m /\!/ p$で，錯角は等しいから，

$\angle x=\angle b=82°-37°=45°$

第4回　◇4級2次（数理技能検定）◇　解答　【p.45～51】

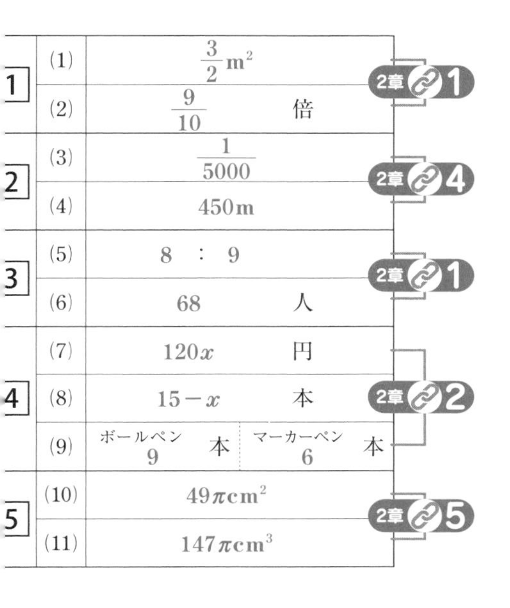

問題	番号	解答	参照
1	(1)	$\frac{3}{2}$ m^2	2章 1
	(2)	$\frac{9}{10}$ 倍	
2	(3)	$\frac{1}{5000}$	2章 4
	(4)	450m	
3	(5)	8 ： 9	2章 1
	(6)	68 人	
4	(7)	$120x$ 円	2章 2
	(8)	$15-x$ 本	
	(9)	ボールペン 9 本　マーカーペン 6 本	
5	(10)	49πcm^2	2章 5
	(11)	147πcm^3	

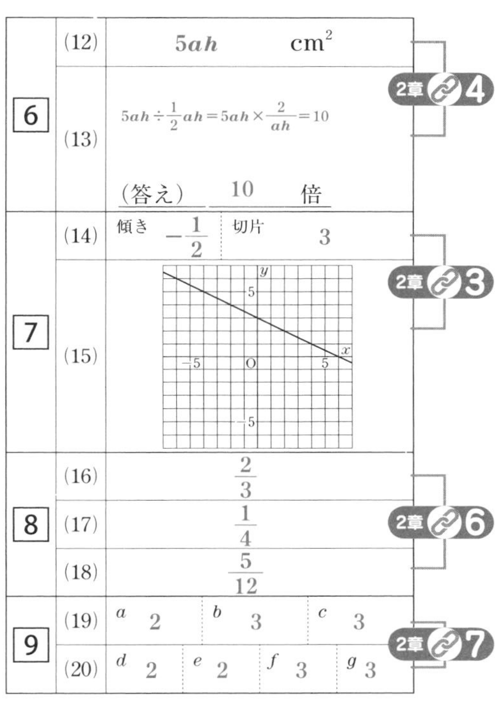

問題	番号	解答	参照
6	(12)	$5ah$ cm^2	2章 4
	(13)	$5ah\div\frac{1}{2}ah=5ah\times\frac{2}{ah}=10$ （答え） 10 倍	
7	(14)	傾き $-\frac{1}{2}$　切片 3	2章 3
	(15)	（グラフ）	
8	(16)	$\frac{2}{3}$	2章 6
	(17)	$\frac{1}{4}$	
	(18)	$\frac{5}{12}$	
9	(19)	a 2　b 3　c 3	2章 7
	(20)	d 2　e 2　f 3　g 3	

(19) 2 が 1 個と 3 が 2 個の組となるもの

(20) 2 が 2 個と 3 が 2 個の組となるもの

◇◆◇4級2次（数理技能検定）◇◆◇ 解説 ◇◆◇

1 (1)　（比べる量）

＝（もとにする量）×（割合）

にあてはめる。

比べる量…B の花壇の面積

もとにする量…A の花壇の面積

割合…$\frac{2}{5}$

よって，B の花壇の面積は

$$3\frac{3}{4}\times\frac{2}{5}=\frac{15}{4}\times\frac{2}{5}=\frac{3}{2}(\text{m}^2)$$

(2)　$（割合）=\frac{（比べる量）}{（もとにする量）}$ にあてはめる。

比べる量…C の花壇の面積

もとにする量…A の花壇の面積

$$3\frac{3}{8}\div3\frac{3}{4}=\frac{27}{8}\div\frac{15}{4}$$

$$=\frac{27}{8}\times\frac{4}{15}=\frac{9}{10}(倍)$$

2 (3)　地図上の長さを 1 としたときの実際の長さを考える。

単位を cm にそろえて，

100m → 10000cm

比で考えると，

2 でわる

$$2:10000=1:5000$$

2 でわる

したがって，$\dfrac{1}{5000}$である。

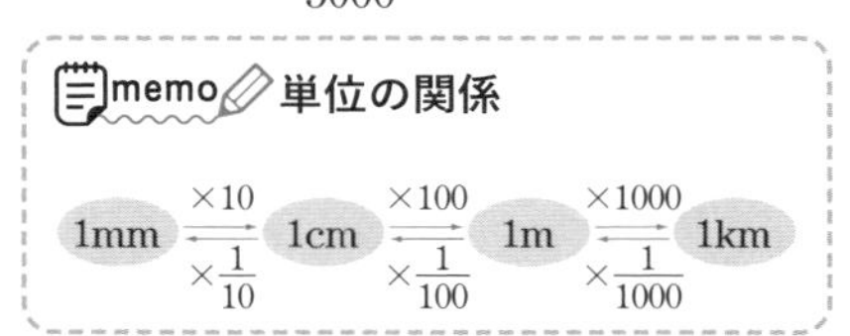

(4)　実際の長さは，地図上の長さの5000倍だから，

$9\times5000=45000$(cm)

単位をmに直して，450m

ミス注意!! 45000cmと答えてはダメ！

「実際の距離は何mですか。」とあるので，cmをmに換算して答える。

3 (5)　1年生が96人，2年生が108人だから，1年生と2年生の人数の比は

$96:108$

$=8:9$　←96と108の最大公約数12でわる

(6)　3年生全体が119人いて，男子と女子の人数の比が3：4であるから，女子の人数は3年生全体の$\dfrac{4}{3+4}=\dfrac{4}{7}$にあたる。

よって，

$119\times\dfrac{4}{7}=68$(人)

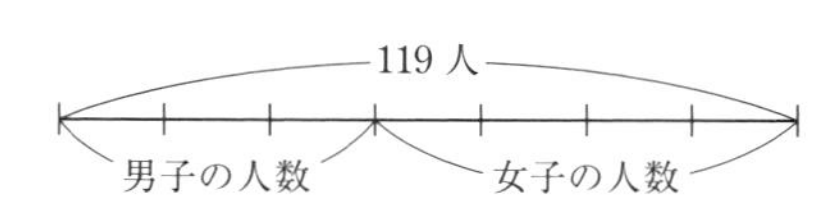

4 (7)　**(代金)＝(単価)×(個数)より，方程式をつくる。**

　1本120円のボールペンx本の代金は，$120\times x=120x$(円)

(8)　ボールペンとマーカーペンを合わせて15本買ったので，買ったマーカーペンの本数は，

15－(買ったボールペンの本数)より，

$15-x$(本)

(9)　(ボールペンの代金)＋(マーカーペンの代金)＝1920(円)にあてはめる。

マーカーペンの代金は，

$140(15-x)$(円)だから，方程式をたてると，

$120x+140(15-x)=1920$

$120x+2100-140x=1920$

$-20x=-180$

$x=9$

これを(8)の式に代入すると，

$15-9=6$(本)

よって，買ったマーカーペンの本数は6本である。

5 (10)　底面は半径が7cmの円だから，

底面積は，$\pi\times7^2=49\pi$(cm^2)

(11)　底面積が49πcm^2，高さが9cmの円錐だから，体積は

$\dfrac{1}{3}\times49\pi\times9=147\pi$(cm^3)

memo 錐体の体積の公式

錐体の体積 $=\dfrac{1}{3}\times$ 底面積 $\times$ 高さ

高さ

6 (12)　三角形Bは，底辺が三角形Aの底辺aの5倍だから，$5a$cm，高さが三角形Aの高さの2倍だから，$2h$cm

よって，面積は

$\dfrac{1}{2}\times5a\times2h=5ah$(cm^2)

(13) **●は△の何倍か→$\frac{●}{△}$(倍)より求める。**

三角形Bの面積$5ah$を三角形Aの面積$\frac{1}{2}ah$でわる。

(14) **1次関数の式$y=ax+b$の形に変形する。**

$x+2y=6$

xを右辺に移項して，$2y=-x+6$

両辺をyの係数2でわって，

$y=-\frac{1}{2}x+3$

↑傾き ↑切片

(15) 切片が3であることから，このグラフはy軸上の点(0, 3)を通る。

また，傾きが$-\frac{1}{2}$であるから，点(0, 3)から方眼のめもりを右に2，下に1移動した点(2, 2)を通る。

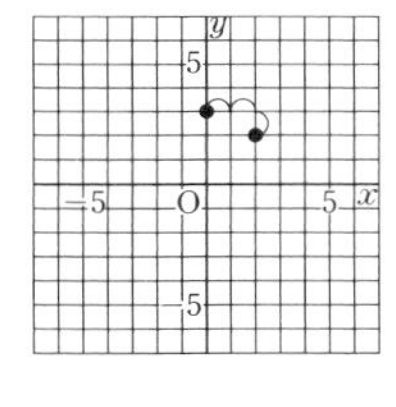

2点(0, 3)と(2, 2)を直線で結ぶ。

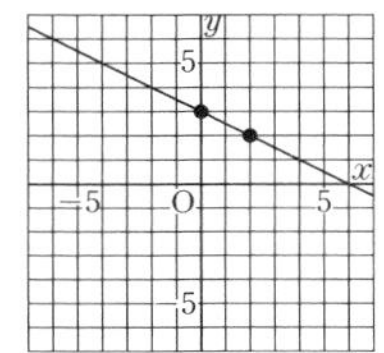

memo 1次関数のグラフ

1次関数$y=ax+b$のaは傾き，bは切片である。1次関数$y=ax+b$のグラフは，aの値によって，次のような直線になる。

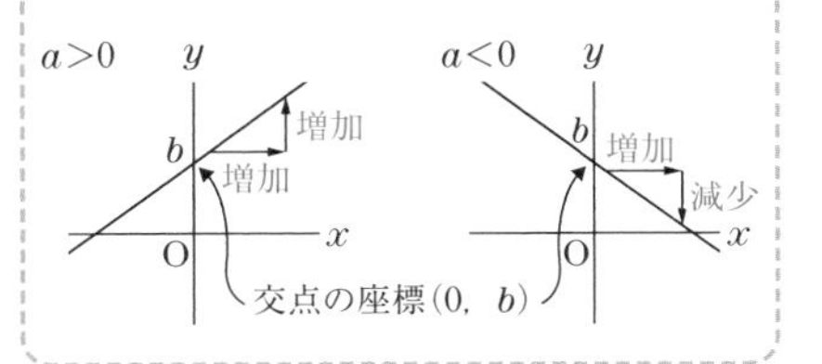

［別解］$y=-\frac{1}{2}x+3$上の点でx, yの座標が整数になる2点を見つける。

たとえば，$x=2$を代入して，$y=2$

$x=4$を代入して，$y=1$

2点(2, 2)，(4, 1)を直線で結ぶ。

8 (16) 樹形図をかくと，2枚のカードの取り出し方は，以下のように全部で6通りある。

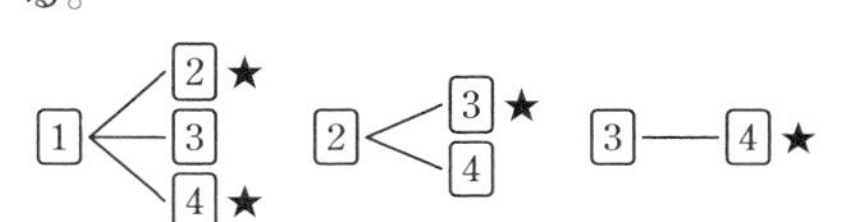

そのうち奇数と偶数になるのは，★の印のついた4通りである。

よって，求める確率は$\frac{4}{6}=\frac{2}{3}$

(17) 次の図のように，2けたの整数は全部で12通りできる。そのうち一の位が2であるのは，★の印のついた3通りである。

よって，求める確率は$\frac{3}{12}=\frac{1}{4}$

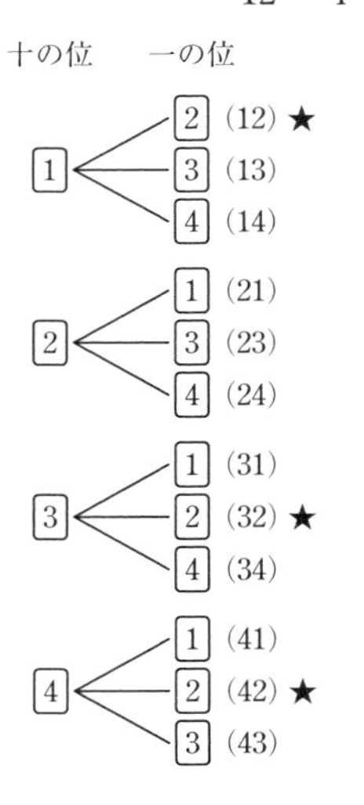

(18) 次の図のように，3けたの整数は，全部で24通りできる。そのうち，320以上であるのは★の印がついた10通りである。

よって，求める確率は$\frac{10}{24}=\frac{5}{12}$

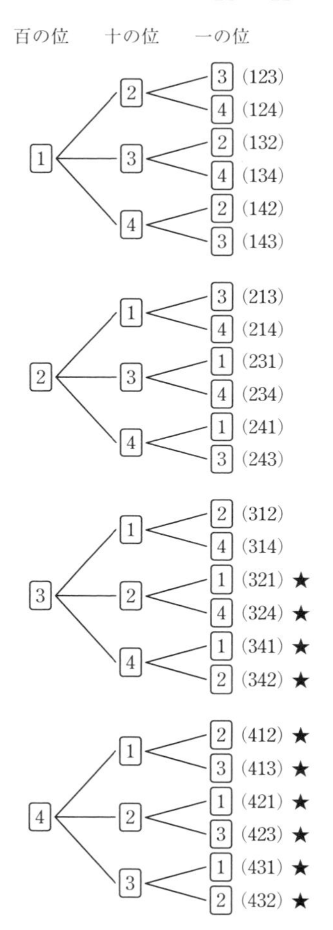

9 (19) a，b，cを$a \leqq b \leqq c$として，3つの数の組(a，b，c)を考えると，
cの最大値はa，bが1のときで，
$c=8-2=6$である。
cが6のとき，
(a，b，c)=(1，1，6)　$a \times b \times c=6$
cが5のとき，
(a，b，c)=(1，2，5)　$a \times b \times c=10$
cが4のとき，
(a，b，c)=(1，3，4)　$a \times b \times c=12$
(a，b，c)=(2，2，4)　$a \times b \times c=16$
cが3のとき，
(a，b，c)=(2，3，3)　$a \times b \times c=18$

よって，積$a \times b \times c$が最大となる3つの数の組のうちの1つは(2，3，3)である。

(3つの数に大小関係はないので)3つの数のうち，2が1個と3が2個の組となればよい。

(20) d，e，f，gを$d \leqq e \leqq f \leqq g$として，4つの数の組($d$，$e$，$f$，$g$)を考えると，
gの最大値はd，e，fが1のときで，
$g=10-3=7$である。
gが7のとき，
$(d, e, f, g)=(1, 1, 1, 7)$　$d \times e \times f \times g=7$
gが6のとき，
$(d, e, f, g)=(1, 1, 2, 6)$　$d \times e \times f \times g=12$
gが5のとき，
$(d, e, f, g)=(1, 1, 3, 5)$　$d \times e \times f \times g=15$
$(d, e, f, g)=(1, 2, 2, 5)$　$d \times e \times f \times g=20$
gが4のとき，
$(d, e, f, g)=(1, 1, 4, 4)$　$d \times e \times f \times g=16$
$(d, e, f, g)=(1, 2, 3, 4)$　$d \times e \times f \times g=24$
$(d, e, f, g)=(2, 2, 2, 4)$　$d \times e \times f \times g=32$
gが3のとき，
$(d, e, f, g)=(1, 3, 3, 3)$　$d \times e \times f \times g=27$
$(d, e, f, g)=(2, 2, 3, 3)$　$d \times e \times f \times g=36$

よって，積$d \times e \times f \times g$が最大となる4つの数の組のうちの1つは(2，2，3，3)である。

(4つの数に大小関係はないので)4つの数のうち，2が2個と3が2個の組となればよい。